風景は百姓仕事がつくる

宇根 豊

築地書館

はじめに

私は長崎県島原市で育ったが、中学校の修学旅行で大分県の別府まで行った。その時に初めて阿蘇と九重の大草原をバスで通った。「日本にもこんな大自然があるのか」と心が震えたことを今でもありありと思い出す。その後その大自然が牛の放牧と採草という百姓仕事によって生まれたことを知って、またまた感動した。あの大自然は私の中では大自然の「風景」として、保存されている。風景以外の形では、あの大自然を表現できないし、伝えられないし、思い出すこともできない。風景とは、そのように自然（世界）を表現する発明品だったのかもしれないと、時々思うようになった。

阿蘇はその風景を見るために観光客が訪れる名所である。それに引き替え、私の村の風景など、ありふれた「ただの風景」である。自慢することもなく、そもそもその風景を家族にすら語ることはない。しかし、私たち百姓はいつも眺めているのである。とくに仕事の合間に一服するときは、必ずと言っていいほど、あたりの風景に目を向ける。そこに心地よさを感じないわけではないが、それを鑑賞したりするのではなく、包まれているだけである。そこには、美も風景も成立していない、と言っていい。だがこの風景が静かにたしかに荒れ始めてきた。

じつは風景とは、ありふれた「ただの風景」であればあるほど、大切であることを書きたいと思ってきた。それがやっとできたような気がする。ありふれたただの風景をどうやって抱きしめたらいいのか、しっかり伝えたい。

阿蘇とは別の方向から私に深い思い出を残した経験を語りたい。それは、私にとって「ただの風景」の発見であった。二〇〇〇年の七月に、初めてドイツを訪れた。この国とEUの環境農業政策を学ぶためだ。目的は二つあった。まず、ドイツの百姓の所得（年間約四〇〇万円）の約半分は税金からの支援金である。このことをドイツ国民が納得している理由が知りたかった。もう一つは、ヨーロッパの農村の風景が大切にされているほんとうの理由をつかみたかった。

ドイツの田舎の風景はとても美しかった。眼を皿にして探しても荒れた土地が見つからないのだ。常識的な理解では「日本と違って、食糧自給率が高く、農地が隈なく耕されているからだ」ということに落ち着くだろう。しかし、ドイツだって当時は日本で言う減反政策（米の生産調整）と同じような麦の生産調整を行っていたのだ。ましてEUの中では、農産物の輸出入は自由化されている。

たしかに景観の価値を意識している国民性の表れでもあるだろうが、それが果たして環境政策だけで実現できるものだろうか、という疑問は解消されないまま数日が過ぎ、あるリンゴ農家を訪れた。その百姓はリンゴ価格の下落にたまりかねて、仲間とジュース工場をつくって、リンゴジュースにして付加価値をつけて販売していた。それがうまくいって、飛ぶように売れていると言う。その百姓から「売れている理由はなんだと思いますか?」と私たちは逆に質問されてしまった。

もちろん私たちは、リンゴジュースをごちそうになりながら、懸命に答えた。「おいしいから」「新鮮だから」「香りがいいから」「安全性が高いから」「栄養がたっぷりだから」「パッケージがいいから」「品質の割に安いから」などと、リンゴジュースの中身の価値で答えようとするが、ほんとうの答えではないと首を横に振られた。

「このリンゴジュースを買って飲まないと、あの村の美しい風景が荒れ果ててしまう」、消費者はそう言って、その村のリンゴジュースを買っていくのだそうだ。私はほんとうに驚いてしまった。こういう考えは、ドイツでも新しい考えだということも後で知ったが、私の事前の二つの疑問は解けた気がした。一言で言えば、身近な農村の「ただの風景」が風景として共有されているのだった。風景は農業が生み出す価値として、農産物と結びついて、消費行動の中で認知されているのだ。

ここには風景の中に、百姓仕事を発見している人間がいた。百姓仕事が食べものと風景の両方を生み出していることを認識している人間がいた。食べものから風景を思い描くことができる新しい人間が登場していた。つまり、リンゴジュースとこれらの関係が意識されることによって、ありふれたりんご園のただの風景はそれまでと違って見え始めたのである。これは風景の発見ではないか。それは従来の名所旧跡型の風景ではなく「ただの風景」の発見であるところが、新しい。

私たち日本人は、ごはんを食べながら田んぼの風景をどれほど思い浮かべることがあるだろうか。果たして日本で「風景を守るために」ごはんを食べる国民は登場するのだろうか。そして、日本でもこうした農の「ただの風景」は発見されるだろうか。

しかしこのドイツの例も、村の外の消費者による「ただの風景」の発見であって、在所の百姓だけでは価値づけることができなかった風景である。どうしたら在所の風景を在所の人間だけで発見できるのだろうか。本書では、この答えを探していくことになる。

風景と景観の定義

風景と景観は混同されている。同じものだと言う人もいるが、本書でははっきり区別する。これまでの多くの本の定義も参考にしながら、次のようにしたい。これは、案外妥当なものと思われる。

（1）「風景」の定義

ある場所に立ち、眼前の光景を眺めることにしよう。必ず一人一人に、異なる別々の感慨が湧いて来るだろう。そして、一人一人その風景を説明してもらうと、それぞれ異なる表現になるだろう。なぜなら、眼の間にあるのは画面ではなく、情感をかき立てる自分も含む世界だからである。このように風景はその人と切り離せない。なぜなら、その人が眼の前の光景を、自分の思いで「風景」として表現したものだからである。したがって、その場所に立つ人間にとって、自分が眺めている自分の世界の表情なのである。風景を美しいとか見苦しいとか感じるのは、自分との関係の表現だとも言える。誰かが指摘していたが、月の世界には風景はない。誰もそこで生きたことがないからである。月にあるのは画面としての「景観」である。月の風景は、人間がそれを生きて見ている地球上にしかない。

（2）「景観」の定義

景観とは人間の関わりなどなくても、知らなくても、影響を受けない画面構成（眺め）である。誰にでも同じに見える表現で、それで何の不都合もない映像・写真のようなものである。景観は、眺めた人に共通の認識をもたらすものと考えることも可能だ。「農村景観の特徴は原色がなく、中間色がほとんどを占める」や「農村景観には直線がない」などの表現は景観だからできるのであって、風景ならほとんど無意味だ。景観に自分の思いや記憶や経験を投影してはじめて風景が出現する。

この景観と風景は、混同されていることが多いが、私は明確に区別する。「風景に包まれる」「思い出の風景」とは言うが、「景観に包まれる」「思い出の景観」とは言わないだろう。景観は人間がいなくても成り立つが、風景は人間がいないところでは、存在しない。

（3）「風景化」の説明

くわしくは第1章で説明するが、風景として意識されていないものを風景として意識し表現することを指す。「風景の発見」と言っているのも同じ意味である。世に出ている多くの風景本は、既に風景化されてしまった風景を分析したり表現したりしている。なぜなら風景化される前の風景は、風景でないからいわゆる風景としては表現されていないからだ。風景になる前の風景とは、ただ眼に入ってくるもので、本書では「ただの風景」と呼んでいる。

目次

2

風景の中の百姓仕事の発見

3

百姓仕事が守り、農業技術が壊した風景

4 「風景」と「景観」のちがい

5 風景の表現

第1章

風景の発見

じつは百姓は風景のことをほとんど語らない。語るのは、天気のこと、作物のこと、生きもののことばかりで、天気や作物や生きものの「様子」のことである。風景に関することわざが日本にはない、というのもうなずける。在所の風景など、もちろん眼には入っているのだが、いいものだと感じるときもしょっちゅうあるのだが、「風景」だとは意識されていない。とりたてて価値があるとは思えないから、なおさら語ったり表現したりすることはない。このありふれた「ただの風景」は、まだ発見前だとも言える。

ところが最近になって、やっと少しだけ、在所のただの風景は発見され始めている。どういう時になぜ、どうやって発見されはじめているのかを見ていこう。

どこでとれたの？とたずねる習慣

「まえがき」でドイツのリンゴジュースと風景のあざやかなつながりを紹介した。しかし私たち日本人だって、食べものと風景を結びつけることはなかっただろうか。食べものの価値が食べものの中身の価値だけで語られるようになったのは、この数十年のことである。いつの間にか、私たちは大切なものを失ったのではないだろうか。ドイツの見聞に先立つ小田原市の活動を紹介しよう。田んぼを都市開発から守るために、田んぼの横の小川（用排水路）にいるメダカを守ろうと呼びかけた百姓たちの話である。

ある家族が食卓を囲んで夕食をとっている。子どもが父親に語りかける。「お父さん、このごはんができている田んぼを、今日はじめて見に行ったね」「うん、どうだった?」「ほんとうにメダカが田んぼの中で泳いでいたね」「メダカ米って、ほんとうだったな」「トンボもツバメも飛んでいたね」「そうそう、カエルもゲンゴロウもいたなあ」「涼しい風が吹いていたね」「田んぼって結構、涼しいんだよね」「ぼくたち家族は、これからあの田んぼの米を食べるんだね」「うん、一年分契約したからね」「まるで、ぼくの家の田んぼみたいだね」

田んぼを都市開発から守るために、横の小川のメダカに着目した百姓が日本にも現れていた。「メダカを開発から守ろう」という運動の真のねらいは、メダカが産卵し、百姓が仕事をする田んぼを守ることにある。そのためにその田んぼで穫れた米を「メダカ米」として、食べる消費者と田んぼの生きものを結びつけようとしていた。ドイツから帰った私は、この事例を思い出した。あれは日本での「ただの風景」の発見だったのではないか、と気づいたのだった。小田原の消費者にとって、自分たちが食べるようになった米がとれる田んぼは、たしかに絶滅危惧種のメダカや生きものがいる田んぼである。その田んぼの畦に家族でたたずみ、その田んぼを眺めるときに、まるでわが家の田んぼであるような気がすると同時に、その田んぼの風景が輝いて心にしみたのである。その風景を「自然」と言い換えてもいい。新しい世界、新しいふるさと、と言い換えてもいいだろう。

私たちは食べものを前にして、「これはどこでとれたものだろうか」と思う気持ちを失ってはいない。なぜ私たちは、農産物や海産物の「産地の由来」を知りたいのだろうか。「安全性を追跡するためだ」というのは、ここ数年の歪んだ習慣に過ぎない。もともと食べものは人間がつくったのではなく、自然からのめぐみだったと感じていた伝統が残っているからではないだろうか。「どこで生まれ、どこで育ったの、どんな自然からのめぐみなの」と問いかける伝統は滅びてはいない。その「どこ」や「どんな自然」というのは、何よりも想像をかき立てるものであり、体で感じたいものであり、味わいたいものであり、いつかその場所に行ってみたいと思うものではないだろうか。その場所、その世界、その自然の表情を風景として表現して伝えられないものだろうか。

　しかし、日本ではそういう方向に行くのではなく、別の方向に向かおうとしているようだ。そこがドイツとは異なる。しかし、その違いは、農の存在への危機のとらえ方の違いだろう。その危機が経済的な危機にとどまらずに、「風景」や「自然」の危機として認識されるときに、新しい表現が生まれるのではないか。

　食べものが生まれてきた自然を思い浮かべるときに、私たちは「風景」として思い浮かべるのはどうしてだろうか。風景とは自然の姿を全体として表現する唯一の方法だからである。風景の多くは、自然の表情である。したがって、「ただの風景」は伝えたい、表現しよう、という気持ちが湧かないから、風景になっていないのである。それを表現しようとする新しい動機が、ドイツでは農を守るため危機感から生まれた。日本ではこれから生まれるだろうか。

ただの風景を壊していくもの

ただの風景を壊していくのは、都市開発だけではない。間接的な破壊の代表例を紹介しよう。JR東日本の子会社は、二〇〇七年まで、カリフォルニアから輸入した駅弁をKIOSKで「O-bento」のブランドで販売していた。オーガニック栽培のカリフォルニア米をアメリカで炊いて冷凍して、輸入し、解凍して、あるいは冷凍のまま販売していた。

ある旅行者が東京駅で駅弁を選んでいる。新潟までJR東日本の上越新幹線で旅行するのだそうだ。「駅弁を食べるのも旅行の楽しみですからね」と言っている。同感だ。しかし彼が選んだのは、カリフォルニア米の「オーベントー」だった。彼の乗った列車は「国境」の長いトンネルにさしかかる。トンネルの中で駅弁を広げる旅行客はまずいない。トンネルを抜けると、新潟県の田んぼや里山の風景が車窓に広がる。さあ、食事だ。駅弁を広げる。田植時は湖の上を走るように、真夏には風になびく草原の上を走るように、秋には黄金色に色づいた季節の中を走るように、冬には一面の真っ白な雪原を走るように、列車は進む。こうした風景を眺めながら食べる駅弁はおいしい。

しかし、この旅行者には何かが欠けている。彼が眺めて堪能している風景の価値は、自分が口にしている食事との関係を失っている。ここには典型的な現代の日本人がいる。輸入された「安くて安全な駅弁」は、国内の米と風景が百姓仕事によってできあがっている世界に背を向けている。「こんなに美しい風景を作り出している百姓仕事と自然に、ぜひお礼をしなければならないな」という思いからいよいよ離れていく。

旅行者の多くは風景を楽しむために旅をする。農村のありふれたただの風景も旅行者には美しく、心に訴えてくる。しかしその車中で食べる駅弁は、まさにその風景を窮地に追い込んでいる輸入された米なのである。日本のほとんどの風景は、自然にそこにあるのではない。百姓が自然に働きかけて、生み出した「生産物」である。だからこそ、田んぼの風景はそこの米を食べる消費者がいなければ、守れない。

さらにこの輸入駅弁を売っていたJR東日本にも言っておかねばならない。東日本の田舎の自然や風景や民俗を売り物にして、観光客を運んで稼いでいる観光産業なら、これらのタカラモノを守るために、少しは貢献する気持ちを持ったらどうだろうか。すくなくとも風景をタダどりするだけにとどまらず、その風景や自然と一緒に育った「米」を買うどころか、海外の米が「安いから」「安全だから」「おいしいから」と言って輸入して売るような精神の企業であっていいのか。日本を代表する一流企業が、百姓から「もう田舎の風景はタダでは見せない」と言われたらどうするのか。

輸入駅弁に嫌悪感を抱くのは、国産の米の消費を減らすからでも、関税を安くしか払わないからでもない。そういう経済や経営が、カネにならない百姓仕事の「めぐみ」である風景をタダどりして、恥じないからである。この〝めぐみ〟こそ、食べもののもうひとつの価値である。この最後まで残った、食べものの由来を尋ねるという価値の名残まで、捨て去ろうとする危険な試みを観光産業が行うことは許されない。JR東日本はこの輸入弁当から撤退したそうだが、「もうからなかったから」撤退したのではなく、「田舎の風景の価値を、私たちのような企業こそが守らなければならないことに気づいたから撤退する」と言ってくれれば、私は心から拍手を送るだろう。この実験もムダではなかった、と思うだろう。

べつに農産物の輸入は、農協や生協もやっていることだし、珍しくはないのだが、JR東日本は農村の風景に依存した観光産業だから見逃せないのである。日本を代表する企業がこのように風景を守る気がないのは、どうしてだろうか。もしこれが名勝の風景だとしたら、この企業も大事にしたろうと思う。しかし「ただの風景」には、このように冷たいのだ。ただの風景は、自然にそこにあるとでも思っておいた方が、負担が少なくていいからではないのか。JR東日本に限らず、JR各社はもうずいぶん前から線路に除草剤を散布し続けている。赤茶色に立ち枯れした野の草花の中を、日本の美しい風景を満喫するために、列車は走り続けている。これは相当に哀しく醜悪な事態ではないだろうか。

ここにも「ただの風景」が本格的に発見されなければならない理由がある。

棚田の風景はだれが発見したのか

日本での「ただの風景」の発見の先鞭をつけたのは「棚田」の発見だったと思う。棚田という言葉は古くからあったが、それが全国的に普及したのは最近のことである。それまでも「千枚田」という言葉はあったが、いわゆる名所旧跡タイプの風景を指すものであった。名所（名勝）とは風光明媚な景色の人々に広く知られた場所である、それは旅行者によって、風光明媚だと誉められ、旅行者によって広められた価値を表している。旧跡とは歴史的な事件があった場所で、そこに立てば誰でも特別な思いを抱く。それは、その場所が時間を超えた非日常的な世界とつながっていることを感じるからである。これも風景になってしまった風景の特徴である。千枚田は昔から旅行者によって、普遍的な価値がすでに発見されていた場所である。ただしその価値は「景観」と「歴史」の価値に限定されていた。

これに対して近年の「棚田」保全の提案が新鮮だったのは、普通のただの段々田を指すものとして、一定の傾斜度を越える田を守る運動として提案されたことだ。ここには、名所旧跡ではなくて

秋、収穫後の棚田の風景（福岡県旧星野村）

も、結構、各地の棚田は美しいではないか、それなのに荒廃は平野の田よりも激しく進んでいるではないか、どうにかして棚田を守る方法はないものか、という動機が働いたのである。これは新しい風景の発見方法だと言ってもいい。しかし、まだまだ名勝型の千枚田の名残を引きずっている。それは、やはり棚田の美しさの多くも、最初は外部の旅行者の視点で発見されたからである。

その後「棚田百選」の選定、全国棚田サミットの開催もあって、棚田保全運動は全国に波及していった。これは日本で初めて、田んぼの「風景」に対して、価値のまなざしを向けようとした画期的なものだった。しかし、棚田保全運動は大きな岐路に立たされている。棚田の風景は、やがて「名所旧跡タイプ」になっていくものか、それともよりありふれた「ただの風景」の発見にも向かうのか、難しい局面に立たされていると思う。また、対象である棚田という場を保全するのか、手入れする百姓仕事を保全するのか、そこを風景として価値づける新しい農業観を広めるのか、十分に自覚されていないようだ。それは、「風景化」の理論がまだ未形成だからである。本書では、それを試みることになる。ありふれたすべての風景を「風景化」して救出する理論を提案したい。

名所旧跡型の風景と「ただの風景」

百姓仕事の発見

ここで誤解を招かないようにしたい大切なことがある。「棚田百選」に選ばれた棚田はことごとく美しいと思われる。私もその内の一六カ所しか見たことはないが、すべてが美しいと思わざるをえない。しかし、それは旅行者の眼で見るからであり、そこで暮らしている人たちには、まだまだ「ただの風景」である場合も多いのだ。それを「棚田百選」という格付けで、外側から旅行者の視点で価値づけることは、ある種のねらいを達成するためには有効かも知れないが、ある種の危うさもまた含んでいる。このことを考えてみたい。

棚田にはなぜ特別の価値があるのだろうか。それは「美しいからだ」と多くの旅行者は答えるだろう。私も異存はない。そこでその美しさとは、その場所の美しさだとすると、その場所だけの価値・特性になり、名所名物の価値が際だってくる。次に、棚田の美しさはそれを支えているであろう百姓仕事の成果の美しさであると考えてみよう。棚田があっても、畦草が刈られておらず、畦の石垣の草が伸び放題であるなら、たぶん美しいと思う人はいないだろう。稲が作付けされていない場合も同様だ。棚田の美しさは、何より田んぼの手入れ、特に「畦」の手入れという百姓仕事の結実であろう。私が「棚田百選」を支持するのは、これによって百姓仕事のカネにならない成果が、棚田に限定されることなく広がっていくのではないかと期待したからである。

二〇〇八年も長崎県雲仙市で開かれた棚田サミットに参加した。石垣の畦がじつに見事で感心した。しかし、よく見ると異常に草が生えていない。地元の百姓に尋ねると「除草剤を十年ほど前から散布するようになった」と答えてくれた。そこで私が「だから草がなく美しいのですね」と言うと、次のように反論された。「いや、手で草取りしていたときもあれくらい草は生えていなかった」

それは、棚田を美しく見せるための仕事ではないのである。畦が、田んぼが崩れないように、いとおしいから手入れをするのである。その結果、稲がよく育つのである。「(旅行者に)美しく見せるために、畦の手入れをしているのでしょう」と問われると、違うと言っているのである。棚田百選に選ばれる前から、ずーっと手入れをしていたのである。だから「風景」として見ることもなく、その必要もなかったのである。

しかし、その「手入れ」が危機にさらされている。除草剤使用やコンクリート舗装という技術で「近代化」されてきたのだ。さらにそれでも支えきれない田んぼは放棄され始めた。そこで、棚田から生産される米だけでなく「風景」にも価値を見いだそうという思想が生まれたのだった。風景の価値で、百姓仕事への新しい評価を打ち立てようとする思惑は、成功するかに見えた。中山間地域への直接支払いが日本でも、二〇〇〇年に始まったのは、棚田保全運動の影響が大きい。ちなみにヨーロッパでは、条件不利地対策として、もう二〇年も前から同様の政策が実施されて来た。

ところで田んぼの畦の手入れは、棚田ほどではなくても、平坦地の田んぼでも「畦塗り」や「畦草刈り」や「田まわり」として実施されている。そして、これも除草剤やコンクリート舗装で代替され、耕作放棄地も増え続けている。棚田の風景の評価を、平坦地の田んぼの風景の評価に広げることができたなら、棚田保存運動の功績はさらに長く残るだろう。それを限定された棚田百選にとどめるなら、新しい名所を増やしただけで終わるかも知れない。

しかし、この棚田の「美」とは一体何だろうか。なぜ美しいと感じるのだろうか。それはほんとうに百姓仕事の成果だろうか。このように考えることがないのは、すでに風景になってしまった棚田を念頭に置いて語っているからだ。ここに、大きな落とし穴があることに、ほとんどの人は気づいていない。

アンケート結果の紹介

本書では、しばしば私たちのNPOである「**農と自然の研究所**」(会員約900名、約6割が百姓である)が会員に2008年1〜2月に実施した「風景に関するアンケート調査」の結果を節々で紹介していく。この調査のくわしい報告書は研究所から「ただの風景の発見」として出版されている。(全18問の内容は巻末に掲載)

最初に紹介する設問は、風景を二つにわけ、「名所旧跡型の農の風景として思い浮かぶのもの」と「ありふれた農の風景はどんなものか」を尋ねたものである。(設問No.4)

まず**【名所旧跡型の農の風景として思い浮かぶもの】**を答えてもらった。

ここにはすでに「風景」になったものがあげられている。【　】は私が後から分類したもの。(　)内は私のコメント。

【田んぼ】

:○○の棚田。千枚田。(これが圧倒的に多かった。○○には地名が入る)

:棚田の彼岸花。彼岸花の群生地。(これも多い)

:はざ木のある水田、はざ木の並木。(珍しくなってくると、意識され始める典型だろう)

:はざ架けの風景(これもやや多いが、同じ回答が【ありふれた風景】にも挙がるのが面白い)

:象潟九十九島の田植え前の水田と島

:レンゲ畑

:最近意識的につくった棚田の灯り

:草一本も生えていない水田

:まだ「名所旧跡型」の農村風景はないと思う。せいぜい能登の千枚田か明日香村。まだ農村風景は商品になっていない

【施設】

:三連水車、水車(今ではどこでも珍しいので多い)

:○○堰

:石橋

:土の水路 :遊歩道を備えた池 :堤防に植えられた桜並木 【村】 :鎮守の森、神社（やや多い） :○○山から見下ろす○○村の風景 :合掌集落 :豪農の館 :屋敷林 :古民家や古民家を改造したレストラン・喫茶店 :人が住んでいない保存された民家 :山際に点在する屋敷 :散居村の田園風景 :農道から見える道祖神や猿田彦の祠。国道や県道からは見えない :わらぶき屋根の軒先に干し柿が干してある :祭りの行列の風景 :村の行事 【山】 :蒲原平野から見た弥彦山（○○から見た○○山というパターンは多い） ○○山の遠景（これも上と同様）	【近年の営農】 :○○フラワーパークなどの花摘みができる場所 :観光農園 :河川敷のコスモス :国道沿いに植えられた菜の花やポピーの花壇 :整然とした茶畑 :団地化されたビニールハウス :圃場整備した田んぼ（ありふれた風景にも出てくる） :基盤整備前の田んぼと堀 :ビオトープ :合鴨田（なるほど） :農地の中の公園墓地 :造成されたハス田 :大根や枝豆など季節の野菜がたくさん植えられている畑 :梅産地の梅花園の風景 :林地内のホタル水路 :無農薬米栽培圃場と記された看板で自己顕示している田んぼ :北海道の広大な畑 :踏み込み温床での育苗 :直売所

次に**【ありふれた農の風景はどんなもの】**かを答えてもらった。

ここにあげてあるのは、風景になりつつあるもの、あるいは風景になる候補であろう。未だに日常の様子であるが、旅行者から見ると、とてもありふれた風景ではなく、珍しく感動的に思えるものでもある。

【田んぼ】

：ただの田んぼ。回りの田んぼ。自分の田んぼ。わが家の田んぼ。稲作している田んぼ（一番多い）

：棚田。棚田百選の棚田も、地元の人間にはありふれたもの（ここで棚田をあげる人も多い。ここが面白い）

：雪解けの後に、春一番の花が咲いている山田

：菜の花畑、レンゲ畑、ソバ（花）畑

：青田、早苗が風に揺れている風景（やや多い）

：朝日に照らされ稲の葉の露がキラキラ輝いている風景

：稲穂の実りの風景（やや多い）

：はざ架けの田んぼ（多い）

：遠くの山を背景とした四季折々の水田

：家族総出で田植や稲刈りをしている

：田んぼを見回る年寄りの姿

：冬枯れの田

：圃場整備された50a以上の面積の水田

：基盤整備した田んぼ

：泥ツバメ（この言葉は季語？）

：飛び交う鳥や虫たち

：籾殻燻炭づくりの煙が立ち上る冬の田。

：トラクターに乗っているお年寄り

：稗の少し目立つ田んぼ

：コンバインでの収穫

【田んぼの周辺】

：地元の畦道で眺める風景

：早春のヒキガエルたちのカエル合戦

：田まわりの足下からピョンピョン飛び出す殿様ガエル

：ただのため池、その回りの木々

：畦や土手の草

：畦草刈りの風景

：U字溝の水路

：刈り払い機で刈った草を竹の熊手で集めた山のある畦

：道ばたにタンポポが咲いている舗装されていない農道 ：田の神さあと田んぼ ：源氏ボタルの舞 ：ワレモコウや釣り鐘人参の花が揺れる **【畑】** ：ただの畑 ：山間地の段々畑 ：山と一体化した農地 ：ソバ畑の花 ：一面に咲くナタネ畑 ：豆などツルのある野菜に立てた支柱の造形美 ：大根干しの風景 ：自家用の畑で仕事しているおじいさんやおばあさん ：収穫したてのイモ類やたまねぎ等が畑に広げられているところ **【村】** ：田んぼから見る山（具体的な山の名前を書いてあるものが多かった） ：干し柿、干し大根、吊り玉葱、 ：日だまりの豆叩き ：腰に鍬を差して歩く人、麦わら	帽子と長靴の人、鍬をかついで歩いている農夫 ：青田風の縁側 ：田んぼや畠に働く人がいて、お茶も「こびる」も近所の人をさそって、畦で楽しんだ時代の風景 ：長野県飯山市は映画「阿弥陀堂だより」のロケ地になったところです。ただの農村風景ですが、豪雪地帯のためビニールハウスがない。あと電柱がなければ、いわゆる日本人の原風景になる ：消費者や子供たちのトンボやイナゴとり ：豆類を干している風景 **【百姓仕事】** ：朝鶏のえさを調整していると、外で放し飼いにしている動物たちが集まってくる ：農作業の風景 ：ありふれた農の風景はほとんど見られなくなった

畦に彼岸花の咲く風景

　風景として美しいのは棚田だけではない。平野の田んぼも美しいし、田んぼだけでなく彼岸花やキンポウゲの畦や、赤トンボやツバメが飛び交う田んぼの上の空もいいものだ。美しいもの、いいものは限りなくある。その扉を「棚田」が開いたのかもしれない。この「美しい」「いいものだ」と思う精神状態は、すでにそこを風景として見ようとしてることにほかならない。しかし、それだけでは風景にはならないが、そのことは後回しにして、それよりもなぜ美しい、いいと思ってしまうのだろうか、と考えてみよう。

　彼岸花の風景を例にとろう。彼岸花は百姓が田んぼの畦に植えたものである。なぜ植えたのだろうか。飢饉の時に、その塊茎のデンプンをさらして食糧にするため、畦に植えてその塊茎の毒でモグラやネズミを寄せ付けないため、という理由が考えられているが、ほんとうのことはよくわからない。私は、彼岸花の風景が美しかったから、という動機もあったと思う。

　彼岸花の原産地である中国の揚子江中流域は、稲の原産地だとも言われているが、様々な色の彼岸花の原種があるそうだ。それはヨーロッパに渡って、園芸品種となって、近年では日本にも輸入され「リコリス」として塊茎が販売されている。ところが、日本の田んぼの畦に植えられているのは「赤色」ばかりである（一部白い色の花があるが、分布から見ても突然変異だと思われる）。彼岸花は種ができない。つまり塊茎を人間が植えないと分布を広げることができない。これからは私の想像だが、彼岸花が弥生時代の日本にもたらされたときに、私たちの先祖は「赤」を選んだのだと思う。それは「赤」が好きだったのだろう。そう言うしかない。

その百姓が植えた彼岸花が畦に咲き乱れる田んぼの様子を、先祖はいいものだと思ったにちがいない。だからこそ、彼岸花を守り増やしてきた。彼岸花は全国各地で「葉見ず・花見ず」という言い方で呼ばれている。花が咲いているときは葉が見あたらない。葉が出ているときは、花は咲かない。百姓がこの花を大事にしてきたことは、花が咲き終わってから葉が出るまでの一〇日間に草刈りをするところにも現れている。花が咲いている間に畦草を刈ることはない。花を眺める楽しみがなくなるからだ。花が咲き終わるのを待って、しかも葉が出てくる前に、枯れた花茎と伸び

私の田んぼの畦に咲きほこる彼岸花

てきた葉を刈らねばならない。うっかり遅くなると、もう彼岸花の葉が伸びているので、葉を刈らねばならなくなる。

草がぼうぼうと繁った畦で草に埋もれて咲く彼岸花は美しくないだろう。だから彼岸花の咲く前の九月上旬には他の草を刈って、彼岸花の花が目立つようにしているとしか思えないほど、畦草刈りの時期（周期とリズム）は彼岸花にあわせてある。百姓が植えたのだから、彼岸花の花と葉を意識するのは当然だろうと思われる。

百姓はわが家の田んぼの彼岸花を自慢しようとはしない。その美しさを褒めるのは、他所からやってきた人である。しかし、旅行者はその田舎の風景が百姓仕事によって、百姓の美意識（のようなもの）によって支えられていることを知らない。百姓は、彼岸花の風景をあたりまえのただの風景として、ただいつもの様子として受け止め風景としての価値を自覚することはあまりない。美しいと思わないこともないのに、ただの風景はこうして、静かに村の中で眠りについている。その間に、徐々に荒廃の手が伸びてきている。

農業政策で「圃場整備」が実施された地区では、多くのところで彼岸花が姿を消した。彼岸花を移植し、また元のように植え直すのは、容易ではない。生産性の向上しか考えなかった戦後の農政思想では、彼岸花などへの愛着は農業とは無縁だと考えられていた。意識的に植えた彼岸花も定着し、いつの間にかあたりまえの風景になると、経済合理性の前にはひとたまりもなく破壊される。

もう二〇年ほど前のことだが、圃場整備された村の田んぼの中に、彼岸花が咲き乱れている畦を眼にし、「どうしてあの田だけ、花が咲いているのか」と尋ねたら、「あの百姓が植え直している」とその人は呆れたように答えながら、こうつぶやいた。「オレたちにはできない」と。

しかし、最近では地域ぐるみで彼岸花の植栽が復活している。それは意図的な風景の復元である。ただの風景をただならぬ風景として受けとめようとする試みである。これは「棚田」の発見と同じ精神構造ではないだろうか。棚田よりもさらに、内発的かも知れない。

旅行者の視点、生活者の視点、さらに深い視点

勝原理論・風景は旅行者が発見する

先ほどからしばしば「旅行者の視点」がなければ、風景は「風景」にならなかったと私が言っているのは、勝原文夫の考えに立脚している。勝原文夫の風景論は農学者とは思えないぐらい、風景分析の新しい考え方を提供してくれている。勝原は、風景を旅行者の風景と、生活者の風景に分けて、そのちがいをこう説明している。

景観が環境の単なる「ながめ」であるとすれば、「風景」はそれに審美的態度を重ねていくという関係にある。ところで同じく人間が、旅行者の態度に立つ場合と定住者の態度に立

つ場合とが考えられ、景観の方でも、名勝等の非凡な探勝的景観と平凡な都市、農村の生活的景観とが考えられ、一般的には旅行者的審美の態度が探勝的景観に加わって探勝的風景を、定住者的審美が生活的景観に加わって生活的風景を成立させるといえる。(『農の美学』一九七九年)

なぜなら旅行者は非日常的な時空にいるので、美醜を感じる審美眼が刺激されて深まり、定住者の見る風景は日常的で平凡だということになる。言われてみると至極当然であって、何の新味もないように感じるが、私はこれはすごい着眼だと感心した。

(A) 旅行者的審美の態度──→探勝的景観(名勝的風景)
(B) 定住者的審美の態度──→生活的景観(ただの風景)

この図は勝原の『農の美学』に載った図である。在所の人間にとっては、ありふれた「ただの風景」であっても、旅行者にとってはそうではない。異郷の珍しい、非日常の眺めだから、一挙に

「風景」として眺められ、名所旧跡スタイルの風景に格上げされる。棚田百選の村はその典型例だろう。勝原は昭和三〇年代からの高度経済成長によって、農村の美しさが失われていくことを外部の人間としてしっかり見つめている。彼は「わが国土が国民のすべてに愛され、農村が、農村在住者のために、彼等自身の手によって、荒廃から護られ、より美しくされていくことを切に願って」この事態を打開するため、必死で考えたすえに「生活的な風景」を評価しようとしたのだが、うまくいかなかった。それは彼の後を継ぐ農学者が現れなかったことでもわかる。

とくに勝原が言う「生活的な風景＝ただの風景」はどうしたら風景として認識されるのだろうか。勝原はあっさりと「定住者の審美が加わって生活的風景が成立する」と言うが、ほんとうにそうだろうか。そんなに簡単に片付けられるものではないだろう。これから先が難題なのだ。私は、勝原に学びながらも、勝原が言う「彼等」百姓を代表して、百姓の風景論をここに著そうと思った。

私の着眼・百姓仕事の跡を探す習性

私の着眼は、百姓が旅行者になったときには、少し事情が異なるようだ、という気づきから生まれた。百姓が旅行したとしても、他村の眺めはつい風景としてとらえる前に「仕事」の跡を探してしまう。よく耕されているな、ここはもう田植しているのか、ここの稲が育ちがいい、もう穂が出始めたな、刈り取りが終わったな、などと仕事を探してしまう。そして自分の田んぼや村のことを思う。「うちの田んぼも、そろそろ中干しの時期だな。帰ったら早速、水を抜こう」と考える。つまり旅行者になりきれないのである。つい、自分の村のように、自分の田畑のように思ってしまうのである。

しかし、そうは言っても「風景」としてとらえる行為は旅行中には確実に行われる。「やはり、青田の風景は気持ちがいいな。元気が出るな」などと旅行者として風景を堪能する。ところが、眼の前の風景が、百姓仕事と関係のないものなら、すぐに風景化が始まる。断崖から見る青い青い海や雪を戴いた富士山などは、瞬時に風景化が行われる。仕事の跡を探すこともなく、在所の風景を連想することもない。風景をすぐに楽しめる。

私は、「百姓仕事」を風景論にとり入れようと思う。勝原文夫は重要な指摘をしている。「これまでの風景論の多くに、意外と農村の風景に対する関心が薄かったのは、その審美の態度において、もっぱら名勝等の非凡な景観を旅人の眼でみようとし、農村景観のような身辺の平凡な景観をそこに生活する者の眼でみる姿勢が欠けていたためであろう」。しかし、在所の人間でない人が生活者の眼にどうしたらなれるだろうか。あるいは在所の生活者が生活者の眼で見たら直ちに生活的な風景が現れるというのは、相当な無理がある。勝原は「景観に美を見つければ風景になる」というところから、先に進めなかった。後で述べるが「風景化」を軽く考えすぎたようだ。

定住者にとっては、在所の景観に美を見つけるのは難しいように思える。しかし仕事の跡ならすぐに見つけることができる。ここから、もう一歩進めればいい。

旅行者の限界

私の田んぼへと降りていく道は、隣の百姓や川の釣り人たちも時々通る道である。もっぱら私が毎日通るので、私が月に一度、草を刈ることにしている。さて、釣り人たちは挨拶して私とすれ違う。私は「この道は私が草刈りしているから、歩きやすく、すがすがしい雰囲気があるんですよ」などと説明することは決してしない。もし草刈りしていない藪をかき分けて、釣り人が川に降りていかなければならないなら、その川の風景の美しさや心地よさはずいぶん減ってしまうだろう。しかし、旅行者には仕事が見えない。見えないから、そこは自然の美しさが、無条件に輝くのだ。

グリーンツーリズムという言葉が使われるようになった。村にも旅行者がやってくるようになった。旅行者は最初から村のただの景色を「風景」として眺めるから、そこに美を簡単に見出すことになる。しかし百姓は特別な美しいもので、もてなそうとする。あるいは特別な料理や、特別な体験を用意しようとする。野の花よりもコスモスが喜ばれる、日常食よりも行事食が喜ばれる、散歩よりも稲刈り体験が喜ばれる、と思いこんでいる百姓が多い。それはそうだろう。もてなしたいからそうなるのである。それが在所の定住者の普通の態度である。あたりまえのものには、価値を表現する気持ちなどわかかないものだ。しかし、旅行者の気持ちは、定住者の視点とは異なる。最初から野の花も田んぼも村も「風景」として堪能し始める。それを特別なコスモスの方向にばかり導いていたのでは、もったいないと思う。むしろ定住者の百姓のまなざしを、ありふれた野の花の方に向けさせるためには、どうしたらいいのかと私は考える。それには、まず野の花の「ただの風景」

を定住者が発見しなければならない。

旅行者は簡単に美しい風景を発見する。定住者の百姓は風景ではなく、そこに百姓仕事の跡を見ている。この両者を合流させられないだろうか。旅行者も風景の中に百姓仕事を見、百姓も百姓仕事の成果を風景として見ることはできないだろうか。

風景になる前

赤トンボの発見

じつは棚田よりもずっと早くから、旅行者の眼ではなく、在所の百姓によって発見されていた風景に近いものもあったのだ。しかし、それは風景としてではなく、もっと広い世界のこととして伝えられている。(本書ではそれをあえて「前風景」と呼ぶことにする)

田んぼでの百姓仕事の最中にふと顔を上げると、自分のまわりに数十匹の赤トンボが群れている。百姓が動くために、稲の葉にとまっている虫たちが飛び跳ねるので、赤トンボはそれを捕まえやすくなる。それで、私の周囲に集まってくる。いつもながらの現象だが、悪い気はしない。こうして百姓にとって赤トンボは気になる友達となっていく。そして、畦に腰を下ろして休憩しているときにも、ふと、赤トンボが飛んでいる光景に眼がとまることがある。夕暮れ時などは、夕日が逆光となって、翅がきらきら輝いて、まるで何か輝くタマシイが飛翔しているような気分になることもある。そこにあるのはまぎれもなく、赤トンボそれ自体ではなく、赤トンボの飛んでいる世界（前風景）なのである。

しかし、そうした感動も数時間もすれば忘れてしまう。赤トンボの前風景は語られることもなく、消えてなくなる。しかし、全く消えてしまうわけではない。それを何かの機会に口にすることがあれば、一挙に今度は風景として記憶にとどまる。じつは、百姓はそこから物語を生み出したのだ。

西日本の赤トンボの圧倒的多数を占めるのは「精霊トンボ」（標準和名はじつに無粋な「薄羽黄トンボ」）である。六月下旬に田植する地方では、八月の盆の頃に一番よく眼にする。「あのトンボは盆になると精霊様を乗せ

稔った稲穂にとまる精霊トンボ（薄羽黄トンボ）

てやってきて、盆が終わるとまた精霊様を乗せて帰って行く」という言い伝えが西日本各地に残っている。これは、赤トンボが飛んでいる世界（前風景）の中で暮らしていたから、生み出した物語ではないだろうか。この物語によって、赤トンボの群れ飛ぶ光景は、風景になった、と言えるかもしれない。しかし、これで「ただの風景」が風景として認知されたと言えるだろうか。私は、言えないと思う。ここには、風景と言うには欠けているものがある。それは、何だろうか。

百姓仕事の発見

百姓が畦草刈りをしている。草刈りが終わると、ほとんどの百姓は、刈り終えた畦を眺めて、満足する。心地よい達成感に身を浸す。このひとときは何とも言えない、いい気分である。その草刈りされた畦の風景は、百姓仕事の出来映えとして眺められている。だから、伸び放題の畦は見苦しい。見た目が見苦しいというよりも、百姓仕事がなされていないことが見苦しいのである。

ここでは、畦の景観が少し風景になり始めている。だが、まだ風景にはなっていない。なぜなら、畦の風景は旅行者が見るようには、独立していない。まだまだ百姓仕事の成果としての評価にとどまっている。自分に対しては、誇らしい気はあるが、他人に対して自慢するようなことではない。あたりまえの行為で生まれたあたりまえの風景である。家族にも自慢したりしない、まして他人に「表現」することは絶対にない。

私は、それを家族や他人に風景として表現すればいいではないか、と思う。「しかし、何のために?」と問われるだろうし「どう言葉にしたらいいのか」と尋ねられるだろう。仕事の成果としての作物の出来具合を、百姓が雄弁に語ることができるのは、伝えたいからである。もちろん作物の出来を伝えたいという気持ちの方が表面に出ているが、自分の働きも表現したいのである。もちろん百姓の場合の働きとは「自然への働きかけ」のことであり、人間の力だけで作物が育っているわけではないことを十分に承知しているので、自分の仕事を誇るよりも「稲のできがいい」と作物を褒めるのである。

そこで、仕事の成果としての出来映えを、その出来映えの様子から感じる心地よさを、作物の出来を眺めるように「風景」として眺め、「風景」として自分自身に向けて、語り始めればいい。「風景としてもいいものだ。気持ちがいいものだ」と言葉にすればいい。次に、家族へ、そして消費者に、そして国民へ、語るといい。ただそのためには、それを支えている百姓仕事を探し出して、この風景を支えているのは私のこういう百姓仕事だという自覚がなければ、語れないだろう。この自覚をどう生み出していくかが大切である。

百姓仕事の探し方はこれから徐々に説明していくが、百姓仕事を守っていく思想の拠り所を「風景」にも見いだしたいからである。

眺望・見晴らしとは

私の村の谷間の一番上の田んぼからは、村が一望の下に見下ろせる。旅行者にとっては、それは見事な風景に瞬時になってしまう。ところが所用ができて、そこまで登っていった在所の人間にとっては、「いやあ、ここは見晴らしがいいなあ」と思うものの「ああ、あそこはあの人の田んぼが今年は田植してないな、どうしてだろう」とか「おお、あそこの家はいつの間にか屋根を葺き替えたな」と仕事やくらしに眼がいってしまう。なかなか風景にはならない。

しかし次に、少し仕事から身を引き離して見るときもある。それでも風景にはなかなかならずに「うちの村も狭い谷間にあるな」「そろそろ新緑が芽吹いてきたな」などと見るのである。それは「こういう世界に生きているんだ」という一種の世界認識であって、風景ではなく前風景であろう。在所の世界・自然を内側から見ているのである。しかし一

私の住む村を見下ろした。定住者にとっては、なかなか「風景」にならない

番全体が見えやすい高い場所から見ているのである。少し、旅行者の視点に近づいているのだが、その世界から外に出るのではない。あくまでも内部にとどまっているから、そこからの眺めは「ただの風景」つまり風景化される前の自分の生きている世界認識（前風景）にとどまるのである。

ところが、この高い場所からの眺望（世界認識）は在所の人間にとっても心地よいものである。この心地よさは、風景になる一歩手前まで来ているのではないだろうか。そこに何らかの要因が加われば、すぐに風景化される。誰かを案内した時とか、事情があって写真を撮らねばならなくなったときとか、しばらくここを離れるときとか、誰かにこの村の様子を伝えなければならなくなったときとかに、一挙に風景になり感動を呼び起こすのである。

普段は、表現することもなく、ありふれたただの風景が「風景」になるその過程こそが最も大切であって、風景になったあとから論じ始めるのは、旅行者の外からのまなざしに過ぎない。私はあくまでも内側から在所の人間のまなざしで、

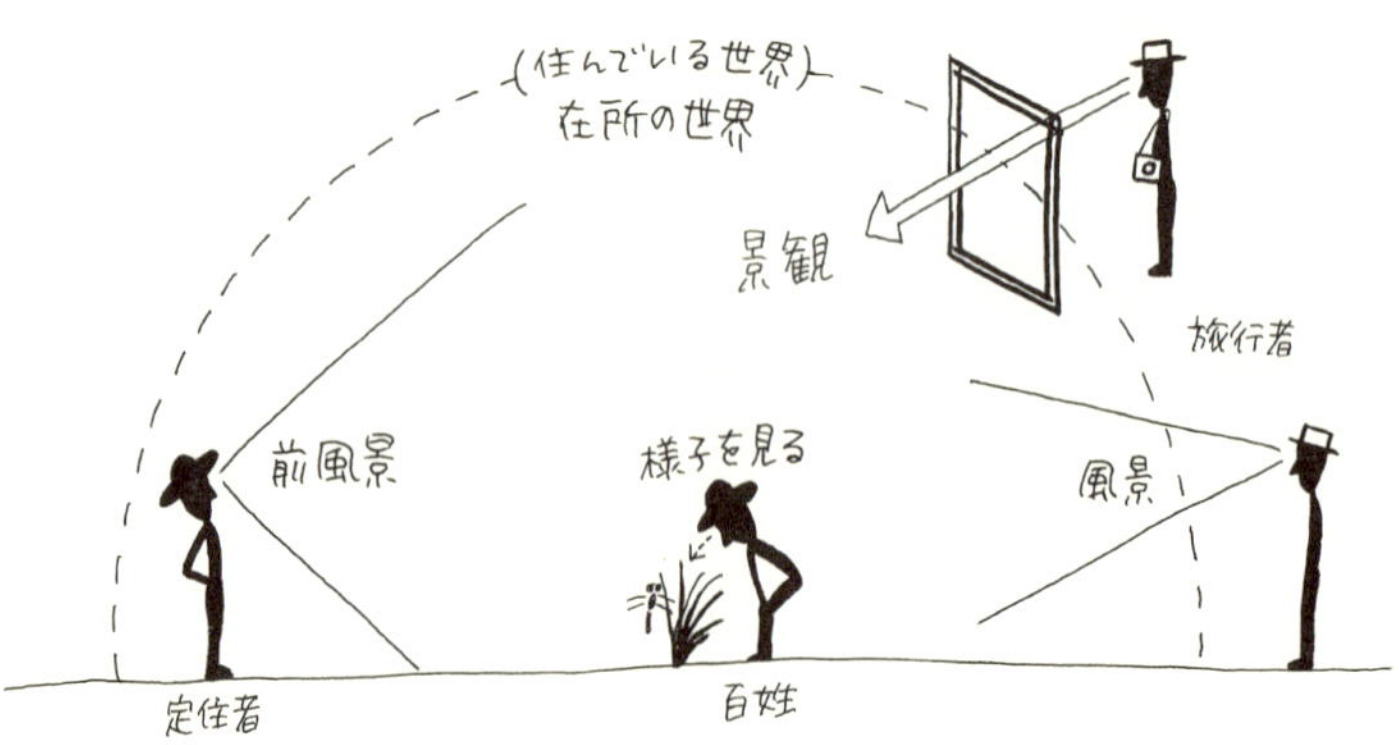

風景をとらえていく、

「風景化」という考え方

「風景」のはじまり

ところで「風景」というとらえ方・考え方は意外に新しいということを紹介しておかねばならない。なぜなら「風景」など、太古の昔から存在してきたと考えている日本人が多いからだ。この節は、やや堅苦しい引用をしながら風景の歴史を説明していくが、これからの理論化の土台になるので、しばらくつきあってほしい。菅原潤の『環境倫理学入門』を読んで、私が一番驚いたのは、西洋人が風景美を発見した正確な年月日が知られているということだった。

一三三五年四月二六日にイタリアの詩人ペトラルカはヴァトゥー山に登った。かれは山頂で四方のながめに感動したが、やがて気づいてしまうのである。神が創造した偉大な山の自然の眺めを享受することによって、神をありありと思い浮かべるために登山したのに、神のことは忘れて、神が造った風景の美しさにばかり心を奪われている自分に。そして深く反省するのである。

これが風景が神から独立した歴史的な瞬間だ、と説明されても、日本人には到底理解できないことだ。しかし、西洋人にとっては、風景は神から切り離されたときにはじめて意識され、発見されたのは事実のようである。

一般的な「風景」という言葉が最初に生まれたのは、一五世紀末のオランダと言われている。それまでの国や地域という意味しかなかった lanschap が地域を描いた絵つまり「風景画」をも意味するようになっていった。これが西洋におけるもう一つの風景の発見になるようだ。やがてフランスやイギリスでもその影響で、国や地域という言葉が「風景画」という意味を獲得したという。一六世紀から一七世紀初頭のことである（『西村幸夫風景論ノート』二〇〇八年）。西村幸夫はこう言っている。「風景という言葉、すなわち風景という概念が風景画というジャンルをもたらしたのではなく、風景画の成立が風景の意識をもたらしたのである」。これも驚きである。それまで絵画の背景に過ぎなかったものが、それだけを描こうとした時に、はじめて「風景」として独立したということである。

このように「風景画」の影響力は、とても大きい。つまり「場所」「地域」から、場所や地域の様子が「風景」になるには、絵・画の力を借りなければ、在所の世界（前風景）のままでとどまったのである。これは、日本でも当てはまるような気がする。そう言えば、日本の「山水画」もフェノロサが西洋の「風景画」という言葉を日本に持ち込んだことにより、それに対抗するためにそれまでは「四季絵」「月並み」と言われていた絵に「山水画」と名づけたのだそうだ。

やがてこの風景の位置は、意外な展開をたどる。一九世紀の自然科学の興隆によって、自然を人間にとって役立つように、分析・解剖することがあたりまえになり、自然と人間の関係は部分的な

高《たか》ボッチ高原から見た北アルプスの嶺々（木船潤一撮影）

ものになっていく。それへの反発として、自然全体を一挙に把握したいという願望を人間は持つようになっていく。それを実現するために、風景を愛でるという習慣が、西洋では定着したという説には納得できるものがある。私は、同じように、風景を近代農学が形成しようとはしなかった「世界認識」への接近の方法として構想したいと考えている。

日本の場合

さて、日本における「風景」論は、新しい。それまでも「風景」という日本語はあったが、あくまでも名所旧跡の描写であって、現代の私たちが理解している「風景」が定着していくのは明治時代の後半からであると言われてきた。それも、名勝の風景を西洋からの刺激によって、見つめ直したものから始められた。これは自然環境を指す「自然」という翻訳語が定着している時代と重なっている。とくに、西洋の自然美の発見と賞賛を日本に当てはめて、日本の優れているところをこれでもかと強調したのが、一八九四年（明治二七年）の志賀重昂『日本風景論』であった。

この『日本風景論』は日本礼賛の叙景詩として、ナショナリズムを鼓舞し、ベストセラーになり、登山ブームを引き起こした。この本は徹頭徹尾、旅行者の眼と地理学者の眼で、日本の新しい名所旧跡型（自然美）の風景を発見していった。現在刊行されている岩波文庫版の解説を担当した小島烏水は次のように評している。「未だ一般に邦人に知られてゐなかった遠僻幽邃の土地から、或は渓流、或は高山大岳、或は岩石美などが、続々と発表せられ、……風景論が出てから従来の近江八景式や、日本三景式の如き、古典的風景美は、殆ど一蹴された観がある」。これは、過大評価のようだが、これが契機になって、新しい自然の名勝が生まれたのは間違いない。

私はこの本には、志賀が旅行者と地理学者の眼で、次々に新しい「日本の風景」の「美」を発見していく高揚感があふれていると思う。しかもそれを外国と比較して優れていると断定するところが、読者に受けたのだろう。この本の約半分は「名山」の紹介にあてられているのは、いかにも新しい名所旧跡型の風景の発見だったのだと思われる。この本は日本から見おろしているような視点が首尾一貫していて、在所の「ただの風景」への回路はまったくない。そういう意味では国民国家からの視点の本だと言える。

このように日本独特の風景を発掘していく志賀の思想は、自然を外部から見つめる西洋近代の見方である。日本のナショナリズムも西洋由来の近代化精神に拠らねば発見できないのは何とも皮肉なものだと思った。もともとナショナリズムという思想自体がこれも西洋近代由来なのだから仕方がないとしても、ここにナショナリズムの一つの危険性がある。

日本における「ただの風景」の発見

それに対して、ほんとうに日本的な風景の発見として名高いのは、国木田独歩の『武蔵野』（一九〇一年・明治三四年）であろう。しかし、その作品中に「ただの風景」の発見の構造を見つけたのは、木股知史が最初であった（『イメージの近代文学誌』一九八八年）。木股は勝原文夫が「風景とは旅行者的審美の態度が生活的景観に加わること、つまり定住者と探勝的な景観は結びつかない」と言ったことに異を唱え、ここからただの風景の発見が始まるのではないかと言う。もっともそれはあくまでも「近代文学」における風景の発見のことを言っているのだが、この議論はとても面白い。まず『武蔵野』の、その部分を紹介する。

今より三年前の夏のことであった。自分はある友と市中の寓居を出でて三崎町の停車場から境まで乗り、其処で下りて北へ真直に四、五丁ゆくと桜橋という小さな橋がある、それを渡ると一軒の掛茶屋がある、その茶屋の婆さんが自分に向て、「今時分、何しに来ただア」と問うた事があった。自分は友と顔見合せて笑て、「散歩に来たのよ、ただ遊びにきたのだ」と答えると、婆さんも笑て、それも馬鹿にしたような笑いかたで、「桜は春咲くこと知ねえだね」と言った。そこで自分は夏の郊外の散歩のどんなに面白いかを婆さんの耳にも解るように話してみたが無駄であった。東京の人は呑気だという一語で消されてしまった。

木股はこの部分をこう分析している。「茶屋の婆さんは、あくまでも探勝的風景にこだわっているのだが、旅行者である主人公は、婆さんの気付かない生活的風景に美を感じている」とし、これが「ただの風景」の近代文学上では初めての発見だと見抜いたのである。

加藤典洋はさらに、木股の論を次のように展開させている。

先の桜橋のたもとの掛茶屋のお婆さんの息子が、都市に出奔することになると、「ふるさと」という異郷が現れる。数年ぶりに帰ってきた息子が、周囲の「何のへんてつもない風景」をしみじみ眺めるのを見て、お婆さんは、ただの風景がある場合には自分の分身にさえある魅力をもって見えるということを知り、その体験が蓄積されると、その息子の眼で、何のへんてつもない周囲の景観を眺めるようになるかも知れない。ある種の母親が幼児に向かい、幼児コトバで話すのは、彼女が幼児の眼を倒錯的に先取りしてしまうからだが、それと同じく、お婆さんはやがて息子への手紙に「ふるさとの母より」とすら書くようになるのである。（加藤典洋『日本風景論』一九九〇年）

そしてこう断定する。「おそらく定住者的審美の態度というようなものはない。それは、こうした〝転倒〟の産物として、虚構のまま人の脳裡に住まうのである」。ほんとうにそうだろうか。私は定住者的審美（百姓の美意識）はあると思う。この木股、加藤の議論を長崎大学の菅原潤は次のように整理している。

まずは都会的教養もしくは西洋的教養を身につけた知識人が、旅行者的審美の態度から、地方の何のへんてつもない生活的風景に変換する。これがいわゆる「風景化」の第一段階である。なぜなら、西洋的美意識からすれば「何のへんてつもない」景観こそが美しいのであり、そのことを学んだ知識人が自らの脳裡に刻んだ「記憶のイメージ」を眼前の景観に付着させ、風景を制作しているからである。このことをおこなったのが『武蔵野』の主人公であり、加藤の例で言われる都会に出てひとたび帰省してきた掛茶屋のお婆さんの息子である。ただしこの段階では生活的風景は在所の人びとには理解されていない。なぜなら、お婆さんは愛でるべき風景は、探勝的景観にあると思っているからである。けれどもそのようなお婆さんも、やがて息子の眼で周囲の景観を眺めるようになるのである。そうなれば「ふと、あらためて、眺めてみる」と自分の住んでいる場所もなかなか美しいものだと知るようになる。地方の若者たちの多くが都会的な教養を身につけるために在所を離れるようになり、彼らの親世代が地方に取り残されるようになると、両者の間で「ふるさと」のイメージが形成され、そのイメージが媒介となって、在所の人たちにも生活的風景が受容されるようになるというわけである。(『環境倫理学入門』)

たしかに文学上は「ただの風景」の発見は、このようにして始まったのだろう。しかし、これだけでは説明できない風景の発見がいっぱいあるように私には思える。

「風景化」という言葉の登場

ここで詳しく説明しなければならない言葉がある。それはこれからもしばしば使う「風景化」ということである。この言葉は加藤典洋によって使われ始めた。

子ども達は、よく「股のぞき」ということをやって、ふだん見慣れた町並みや何かが見慣れないものとして見えてくることを楽しむ。そういわれなくても、わたし達自身が、何かの折り、ふだん見慣れた情景がふっと未知の相貌をおびることに驚くという経験をしばしばもつ。そこではふだんは見慣れた「現実」が別種のものとしてわたし達の前にある。(『日本風景論』一九九〇年)

これを「風景化」される・「風景化」する、の代表的な例として挙げている。最近では富山県では日本列島と大陸の地図を、南を上にして印刷した地図が売られている。こうすると不思議なことに日本列島が日本海を取り囲んでいるように見える。逆さに見るということは、画面を全く異なる様相に変えてしまう。しかし、このような極端な動機や方法によるのではなくても、私たちはありふれた光景をよく風景化している。見慣れた風景を「ふと、あらためて、眺めてみる」動機さえあれば、いつでも風景化は行われる。

風景化が否が応でも行われるのは、写真を撮ろうとするときである。カメラの中の画面は自分の気持ちに合うように切り取られる。そもそも写真を撮ろうと思う気持ちの状態が風景化に踏み込んでいるのだから当然だ。ではなぜ写真を撮ろうと思ったのだろうか。それこそ、様々なきっかけがあるのである。その動機によって、同じ風景も違って見えるのも当然である。

いつも見ているただの風景が、ある時に何かのきっかけで、特別に心にしみることがある。たとえば、父が亡くなったことを思い出すとき、去年まで一緒に植えていた眼前の田んぼの風景がいとおしく思えて、田の緑の鮮やかさに目頭が熱くなるときがある。それは「風景化」が行われている真っ最中なのである。しかしカメラに撮るとか、絵に描くとか、人を案内するときは、その風景は表現され、思い出に残るが、多くの場合はその風景は人に語ることもないから、すぐに忘れてしまい、ただの風景に戻る。いちいちそれを表現する必要などどこにもない。表現されていないから、存在しないのではない。

私が「風景化」を意識的に行おうとするのは、すべての動機について、いちいちそれをやろうというのではない。一つだけでも、とくに百姓仕事を表現するためだけにでも、風景化を意図的にやろうというのが、私の提案である。

そして、現代の百姓の場合

それでは、旅行者でもなく、帰省者でもない在所の人間には、どうしたらただの風景を「ふと、あらためて、眺め」て「風景化」できるのだろうか。

大切なことなので繰り返すが「風景化」すると、風景もそれを支えている仕事とくらしがよく見えてきて、守ることができるようになるから、風景化するのである。たしかに「風景化」という言葉や行為に対する違和感を簡単にぬぐい去ることはできないだろう。しかし、見慣れた景観を風景化して、風景として意識するためには「あらためて眺める」動機と理由がいるだろう。

私たち「農と自然の研究所」では、二〇〇八年に風景に対するアンケートを実施した。すると見慣れたただの風景に対する表現が二〇九通も寄せられた。その回答の表現の多彩さと豊かさに私は圧倒された。それは、アンケートの設問によって、表現しようとする動機が提供されたので、あらためて見慣れた在所の風景が見事に「風景化」されたあとの開花である。こうしたアンケートで尋ねられなければ、ひょっとすると一生語ることなかった風景が、語られている。ただ、こういう意図的な外部からのきっかけではなく、日常の生活の中で、内発的に「あらためて眺める」契機を提案することはできないものだろうか。

なぜなら、何度も強調したいのは、まだまだほとんどの田舎の、在所の「ただの風景」は風景として眺められることはなく、また表現されることもなく、そこにある。そして、確実に荒れていっている。なぜなら、「価値」がなければ守ろうとはしない精神構造の近代化された社会に、私たちはどっぷり浸かり過ぎているからだ。

そこで私は、ただの風景を風景化するためには、百姓の伝統である現前の世界に百姓仕事の跡を見つける習慣を活用すればいい、と考えたのである。

日本のペトラルカ

もう一度ペトラルカの場合を振り返ってみよう。彼は神の業を見るのではなく、神の仕事とは独立した風景の美しさを見てしまった。常に神業にとらわれていなければならないのに、神を忘れてしまったのだ。それは風景の美が、神から独立した瞬間だった。私は幾度となくこの場面を想像しながら、同じようなことが、百姓にも生じているのではないかと思った。この場合の神業に当たるものが、百姓仕事である。急峻な山岳の風景が神の業で創造されたとすれば、落ち着いた農村の風景は百姓仕事によって創造された、とは言えないだろうか。もちろん、そっくりそのまま比較はできない。百姓が常に百姓仕事の跡を探すのは、気にするのは、自然と人間との関わりの様子を確認するためであって、自分が創造したものだという自覚からではないことは言うまでもない。だが、かつて西洋では神を信じる人には風景を神から切り離すことが困難であったことと、現代日本でも百姓にとって田舎のただの風景を百姓仕事から切り離して見ることが難しい事情とは、案外似ているのかもしれない。

かつての西洋人は、風景を眺めてもそこに真っ先に神の業と神意を見たように、百姓は風景を眺めてもそこにまず百姓仕事とそのできばえを見てしまう。日本の農村のペトラルカはいないのだろうか。そんなことはない。百姓は旅行に出かけると、全員ペトラルカになるのである。しかし、名所旧跡の場合はともかくとして、多くの場合はただの風景に美を見出すのではなく、百姓仕事を探してしまうのである。つい百姓としての自分の性に陥ってしまうのである。そこで、その百姓仕事の跡を、風景として表現しようという気にさせればいいのだが、百姓が普通に在所の「ただの風景」を発見するのは、簡単ではない。そういう意味では、日本の百姓はまだペトラルカになれないでいる。

二〇〇九年の夏、朱鷺《トキ》の野生復帰を学ぶために佐渡に渡った。行き帰りの駅や港に魅力的な写真のキャンペーンポスターが貼ってあった。茅葺きの家々を背景にして、手前の青田で働く百姓が四人写っていた。一番手前には、腰を伸ばしてこちらを見ている菅笠をかぶって絣の着物を着た若い農婦、その背後には年配の農夫が腰をかがめて草とりをしている。しかし、百姓の私はすぐに気付いてしまうのだ。稲は手前から後ろの方向に列をなして植えてある。したがって草とりは縦方向にしか進めない。それなのに、ポスターはかがんでいる姿を見せるために横方向に向かって仕事をさせている。この不自然さに気付くと、もうこのポスターの稲や田や茅葺きの村の美しさは、見えなくなる。元に戻るのである。せっかくペトラルカになりかけた私は、もとのまじめな百姓に戻っていくのである。

自然美とは何か

自然美の登場

「好きな風景」という場合には、多くの場合「自然の風景」を思い浮かべる。勿論この場合の自然とは、田畑や山林も含まれているのだが、少なくとも自然に見える世界の風景が念頭に浮かぶのはどうしてだろうか。それは旅行の楽しみが車窓から風景を眺めることであることにも現れている。人工的なものをずいぶん増やしてしまった現代人であっても、自然に惹かれるのは、自然を美しいと感じるのはどうしてだろうか。じつは、自然美もまた新しく発見されたものである。こう言うと「そんなばかな。自然への賛美は万葉集の時代からある」と反論されるに決まっているが、かつて自然環境という意味の言葉がなかった時代には「自然」という翻訳語もなかったのだから「自然美」もなかった。それは美しい花や田や山や様子だった。好ましい世界ではあったが、自然美ではなかった。それよりも、もっと深いものだった。

西洋では「自然美」の発見こそが、風景の発見につながっていった。日本でも明治になって、「自然」という見方と言葉を知ったからこそ、自然美も生まれたのである。したがって、志賀重昂が『日本風景論』で、風景美、自然美を語るのは異常かつ新しい試みだったのである。

自然美とは何か

西洋では、かつて自然美とは、創造神の「神の業」の美であった。その伝統が西洋でもずいぶん色あせてはいるが滅びてはいない。一方日本人にとっては、西洋の神は受け入れられず、むき出しの「自然」だけを迎え入れた。そして長い間、この「自然」という翻訳語が、もとからある「自然」つまり「おのずからなる」という意味に引きずられて、人工的ではないものというとらえ方になっていった。「田んぼは自然か」という問いに、百姓の多くは自然よりも人工に近いと回答するのがその証拠である。しかし、百姓ではない現代の日本人にとっては、田んぼの風景は「自然美」であろう。私は前著『「百姓仕事」が自然をつくる』で、田んぼも自然だと言い切る方がいいと主張した。学者が常用する「二次的自然」という言い方は、自然の序列化を招くから好きではない。

私たちは一次的自然いわゆる原生自然を体験したことがない。まず、そこに行ったこともなければ、そこから自然観を身につけたわけでもない。私たち日本人が思い描く自然とは、農村山村漁村の自然であり、風景である。ヨーロッパ人は、二次的自然は原生自然を破壊したあとにくるものという意識があるが、日本人にはそういう意識はまったくない。それは「自然」概念を輸入し、ヨーロッパ人と同じ「自然」という言葉を使っている現代日本人にとっても、輸入前の伝統的な自然(もちろん当時はこの言葉はなかったがあえて使うなら)との関わり合いが失われていないからである。

したがって、日本人が感じる自然美は、ただの風景の美とほとんど重なる。それなのに、「農の美」つまりただの風景の美は、誰も評価しなかった。科学や農学の対象にはならなかったのだ。

「自然」の導入以前

たしかに「自然（Nature）」という新しい概念と言葉を日本人は徐々に受け入れていった。その辺の事情は柳父章の『翻訳語成立事情』『翻訳の思想』にくわしいが、初期にはかなりの混乱と誤解も見られた。本格的に普及していったのは、明治二〇年代だったと柳父は言う。当然ながら日本人は、自然美もまた受け入れていく。自然とは人間が自然の外に立たないと生まれない概念であった。そういう意味で、ただの風景の発見は、自然美の延長にしか登場できないのだ。そして、「自然」概念の輸入は、そこまで行き着くのである。現代日本人は、輸入された「自然」概念の最終的な受容の段階にさしかかっている。ここまでくるのに、明治維新（文明開化・近代化）から、約一四〇年かかったわけである。

現代では日本人のほとんどは、自然という言葉が輸入語つまり翻訳語であることを信じないかもしれない。「こんなに自然に恵まれた国なのに、自然という言葉がなかったはずがない」と思うにちがいない。また、もう今日では、十分定着しているので、その由来を尋ねる必要を感じないかもしれない。しかし「自然」の由来を問うことなしには、自然の行く末もまたわからないのではないだろうか（百姓という言葉が使われていた頃の正しい理解なしでは、百姓が差別用語だと錯覚してしまうように）。

私は最近ではしばしば、「自然」という言葉を知らなかった頃の日本人は（ほとんどが百姓であったが）自然をどう見ていたのだろうか、と考えることがある。自然を外側から見ることがなかった先祖は、自然に没入し、自然と一体化していたのだろう。しかし、既に私は「自然」という言葉を使ってしまっている。自然という言葉を使わずに、どう説明したらいいのだろうか。

私なりに、現在日本で活用してみよう。池があるとしよう。池の中のフナには、池は見えない。ただ池の中の仲間や他の生きものや水や底の土が見えるだけである。フナには池の中の全てが見えているが、池は見えていない。池は、そこから岸をはい上がって、地上に出たときに見えるかもしれないが、フナはそんなことをしようとは思わない。

この池を「自然」だと思えばいい。

かつての日本人は、池の中のフナであ

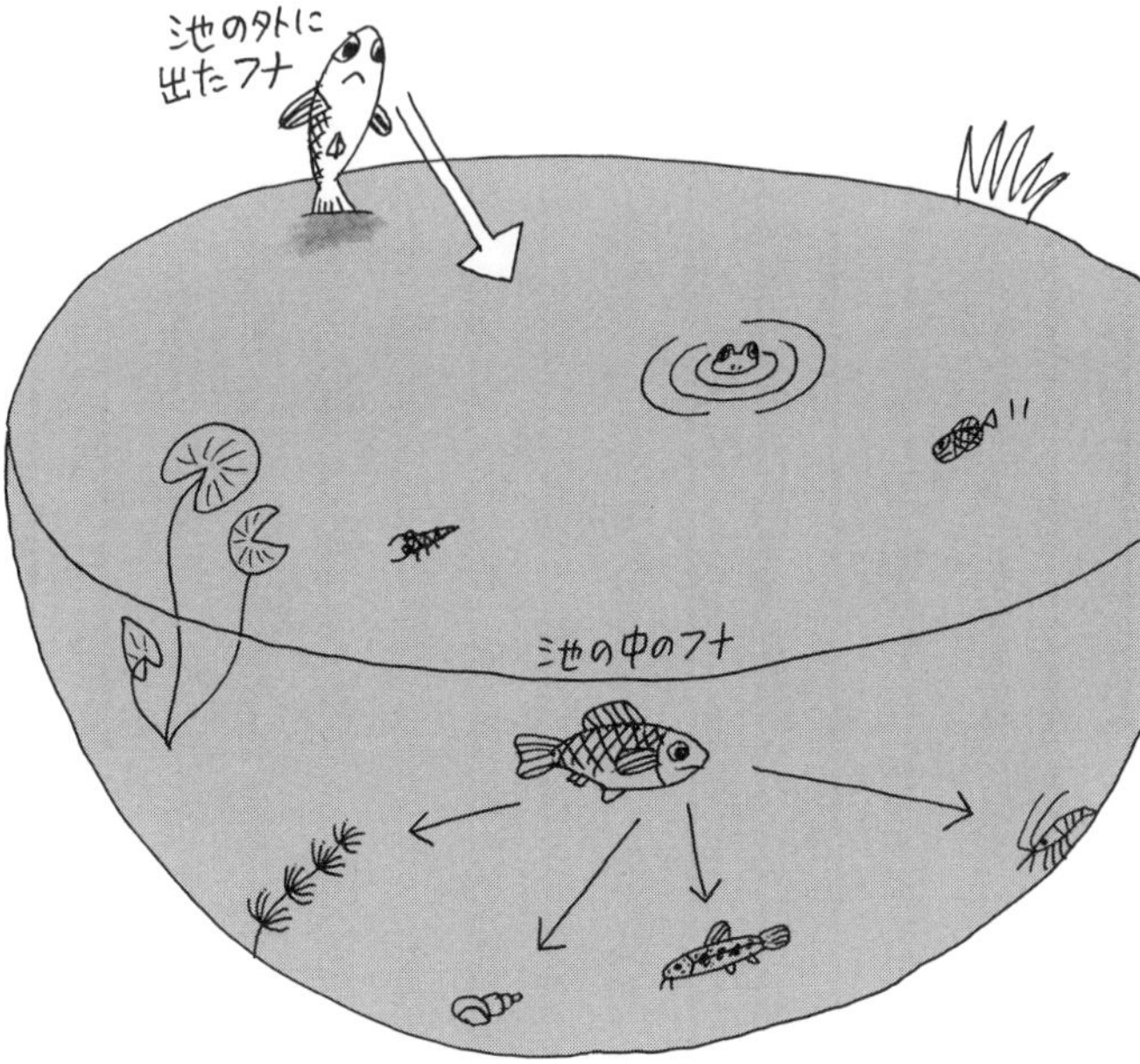

「自然」を発見する前と後の概念図

った。自然を知らなかったが、自然の中は十分過ぎるぐらいによく知っていた。現代の日本人は、池を外から眺めているが、池の中に入ることが少ない。自然の中の生きものたちと一緒に過ごすことが少なくなった。自然のことは知っているのだが、自然の中で自然の一員として生きる情感の深さを知らない。このことの不幸もまた、考えてみなければならないだろう。

日本三景、近江八景から日本百選へ

現代では、棚田百選、疎水百選、白砂青松百選、日本の滝百選などに見られるように、「○○何選」というのは、かつての名所旧跡型の江戸名所百景や近江八景などの伝統を引きずっている。あるいはただの風景を、名勝的な風景にして格上げしようとしている。好意的に言うなら、ただの風景に特別な価値を見出そうとする現代的な試みである。

ところが「近江八景」とは「堅田落雁」「三井晩鐘」「石山秋月」「粟津晴嵐」「唐崎夜雨」「瀬田夕照」「矢橋帰帆」「比良暮雪」である。地名と季節の風情がセットになっていて、単なる景観ではないのである。これが形式化を招き、各地に同種の「○○八景」が生まれたのだが、現代の「○○何選」には、こうした文化的な付加はほとんどなく、風景と言うよりも景観に近い。特定のまなざしを拒否している。客観的に成立する科学的なとらえ方を好む新しい名所旧跡の作り方だとも言えよう。これは志賀が切り開いた「自然美」の延長線上にあるような印象を与える。ところが、これはこれで現代という時代の精神を体現しているのだから、やっかいだ。

果たして現代の新しい名所旧跡化戦略は成功するだろうか。一九七〇年から始まった旧国鉄の「ディスカバージャパン」キャンペーンは成功したと言われているが、あくまでも旅行者の視点からの「ただの風景」の発見であって、在所の人間による在所の「ただの風景」の発見にはつながらなかった。ただこれ以降、田舎のただの風景がよく取り上げられるようになったのは事実である。そういう意味では、最近の「〇〇何選」は「ディスカバージャパン」を下敷きにして、「近江八景」の発想を借用しているとも言える。ただ気になるのは、これらの地域では景観を「地域資源の増大」というとらえ方で活かそうとしている面が露骨に出過ぎているところが少なくないことだ。

カネになる風景の発見ではなく、在所の人間のためのカネにならないただの風景の発見こそが、ほんとうにできるかどうか、問われている。

そもそも「美」とは何か

小林秀雄の「美しい『花』がある、『花』の美しさといふ様なものはない」(『當麻』)は有名な一節だが、柳父章によると「確かに、かつて私たちの国では、花の美しさというように、抽象概念によって美しいものをとらえようとする言い方も乏しく、したがってそのような考え方もほとんどなかった。花の美しさ、というようなことばや考え方を私たちに教えてくれたのは、やはり西欧渡来のことばであり、その翻訳語だったのである」と説明し、「美」もまた明治以降の外来語(翻訳語)だと主張している。(『翻訳語成立事情』一九八二年)

同じようなことを佐々木健一も言っている。

不思議なことですが、われわれは美しいという言葉をほとんど発しません。女性に向かってさえ、美しいなどとは言いません。綺麗とは言いますが、美しいとは言わないのです。まるでそれは外国語であるかのようです。………「うつくしい」はれっきとした日本語の単語で、造られた訳語ではありません。………藝術美について、「美し」いという単語が用いられた例は、古い日本語の時代にはおそらくありません。………beautiful の訳語として以外に「美しい」という単語を知らないせいではないのか、…………そうなると、単語としては古来のものであるが、現代語の「美しい」はほとんど訳語だ、というべきなのかもしれません。（『美学への招待』二〇〇四年）

古語の「美しい」は立派であること、見事なことを指していたと言われていて、現在の意味とは違う。要するに「美しい」という言葉は明治時代以降に使われるようになり、それでも日常生活ではあまり使われないぐらいの翻訳語みたいな言葉だったのである。つまり私たちは昔も今も、美しいという言葉を知らなくても困らないぐらいに他の感情をいっぱい持っているのである。私たちがあえて「美しい風景」と表現するときの美しいという意味は、ほかの感情も含めて無理矢理「美」に託しているのである。

話を小林秀雄に戻して整理すれば、こうなるだろう。水田や青田の美しさがあるのではなく、気持ちのいい、見事な、いい水田や青田がそこにあるだけである。美しさよりも、それ自体がいとおしく、心地よいのだ。それは「美」や「美しさ」よりももっと深い幅広い情感なのである。もの自体がいとおしいから、そこから「美」などを分離させることがない、と言っていいだろう。田の美しさよりも、田んぼそのものがいとおしいのである。子どもが美人かどうかよりも、子どもの存在自体が嬉しい、というようなことに似ている。

だからこそ、百姓にとって「美」の発見は簡単ではなかった。勝原文夫は簡単に「審美的態度」と言っているが、それが簡単には身につかなかった理由がここにもある。また加藤典洋はそれを否定して「私の思うところ、生活者の審美的態度というものはない」と断定しているが、これも性急すぎるだろう。「美しい」よりもはるかに豊かな感動を、百姓は、田んぼや里の風景に感じることはあったのだからである。本書ではこういう歴史をふまえて、風景についての様々な「いい」感情を「美しい」に代表させて使っていく。

ただの風景を「風景化」する方法

これまで「風景の発見」と言ってきたことを、これからは「風景化」と言い換えて、この章をまとめてみよう。

①風景は何より旅行者によって、外側からはすぐに風景として受けとめられる。ところが、そこに住む在所の人間にとっては、それはただの風景であって、なかなか価値を見いだすことができない。言い換えると、旅行者は見るもの見るものをほとんど「風景化」するから、見るものはことごとく風景として観賞される。一方在所の人間にとっては、いつも見慣れたありふれた場所であり、否が応でも眼に映るものであり、風景として認識する（美しいと思う）ことはあまりない。
しかし、在所の人間にとって「ただの風景」が「ふと、あらためて、眺めてみる」ことによって発見される、つまり風景化されることもあるのはどうしてだろうか。

②その答えのひとつは、旅行者のまなざしが定住者にも持ち込まれることもあるからである。ふるさとを出て行った子どもが、里帰りしたときに、かつてのふるさとのただの風景は、輝いて見えることが多い。それはすでに子どもが旅行者のまなざしで、ふるさとの景観を「風景化」しているからである。この子どもの風景化が、親にも伝染するのである。

③そして、棚田百選の風景の発見はこの延長線にある。棚田の村に住む百姓にとってはただの風景だが、訪れる旅行者は美しいと感嘆する。そう言われれば、そこの村人もたしかに美しい、と感じる。しかし、旅行者が感じる美しさとは、かなり違う美しさだとも感じている。それは心地よさとか、安心とか、「いいもの」だという気持ちに近い。しかしやがて、旅行者を接待するようにな

ると、旅行者のまなざしにかなり伝染していく。

④定住者にとって「ただの風景」が「ふと、あらためて、眺めてみる」ことによって発見される最大の契機はなんだろうか。ただの風景をあらためて眺めて風景化するためには、百姓仕事を見つければいい、というのが私の提案である。何よりも百姓は仕事の合間に必ず手を休めるひとときがある。このときに、我に返るとともに、風景が眼に入ってくる。そこに仕事のできばえや結果を見る。そして自分の生きている世界を眺めることも少なくない。それを「仕事を見つけよう」と意識してみれば、風景化は簡単に訪れる。そしてもうひとつ大切なことは、それを表現して伝えようとすることだ。

例えば田んぼの前に立ち「眼の前のこの田んぼの風景をどう思いますか」と問いかけたら、その場にいる人は例外なく、瞬時に「風景化」して、自分の思いでその田んぼをとらえる。そして「いま見えている風景を言葉で表現してください」と言おうものなら、一人一人のくわしい解説が行われるだろう。百姓はその風景に「百姓仕事」を見つけ慣れているので、さらに語りは深くなるだろう。

⑤風景化のまとめ

旅行中は、見るものがことごとく風景化される。風景として、新鮮であり、感動しやすい。それは、旅行者があくまでもその世界を外部の人間として外側から眺め、日常を忘れ、見慣れぬ風景に刺激され、すぐに情感に浸ることができるからだ。またその時に思い出す、在所のただの風景も容易に風景化される。

旅行をすることもない、ただ在所で暮らしている人間にも、否が応でも風景を意識することがふえてきた。なによりその見慣れた景観が変化し、荒れ始めたときに、仕事やくらしの変化の投影として意識される。「手が回らなくなったな」「あの家も、この頃は忙しいからな」と仕事とくらしを気遣い、残念がることになる。このように、仕事の結果を風景としてみる習慣は、本格的な風景化の入口である。

また荒れ始める前の、在所のただの景観を美しいと思うこともある。しかし、それは表現されて初めて風景になるのだから、表現されなければ、風景にならずに、すぐに忘れられていく。そこで、表現する動機を見つければいい。

仕事の成果を風景として表現することは大いに可能である。それが要請されればいい。その要請が今までされてこなかったのは、その必要がなかったからである。在所の世界は変化しなかったからである。毎日、毎年変わらないものの美しさは、ただ自分だけが抱きしめておけばいいことであり、風景は情感も一緒に引き継がれていくから、表現する動機はなかった。

それが引き継がれなくなったときに、つまり仕事と仕事の成果を見つめる情愛が衰え始めて、はじめて「風景」は表現して、守らなくてはならなくなったのである。

第2章 風景の中の百姓仕事の発見

現代の百姓は江戸時代の百姓ではない。「自然（環境）」という言葉も、自然のとらえ方も知っている。自然観も持っている。したがって「風景化」は、きっかけがあれば、たちどころに起きるような気がする。なぜなら、いつも眺めてきた景観だし、いつも仕事の跡を確認してきた場所だからだ。ところが、だからこそ難しいのだ。

百姓はなぜ仕事の合間には風景を眺めるのか
——もう一つの風景化

手を休める意味

百姓仕事は相手である生きものに引き込まれてしまう。生きものが相手ではあるが、仕事を始める前は、あれをこうしよう、などと考える。しかし始めるといつの間にか、没頭してしまう。我を忘れて、作物などの生きもの相手の仕事に没入する。もちろん自然などというものなど姿も形も見えはしない。生きものがそこにいるだけである。時の経つのも忘れて、手入れに専念してしまう。しかし、どうしても手を休めることがある。仕事には、区切りがある。体も休みを求めてくる。咽も渇くだろう。このときに、百姓は我に帰る。

このときに、生きものから我が身を引き離される。間に距離が生まれる。没頭から脱け出し、眺める行為に移る。自然が見え始める、と言ってもいい。生きものが、それが生きている場をまとって、世界の様子として見え始める。仕事の合間に、手を休めるときに、風景化が始まる。しかし、すぐに忘れられていく。その理由は、すぐに生きものに注意が引きつけられていくからだ。なぜなら、また仕事に入ると、そうなるからだ。常に、生きものから誘われている。

それを振り払って、風景に執着する必要はなかった。ましてそれを鑑賞し、そこに美を見つける必要など、どこにもなかった。一瞬の風景は、心地よいものだがすぐに忘れられ、生きものとの関係が手を振って呼んでいる。しかし、風景は発見されなければならなくなった。これが私の時代認識である。生きものと自分が関係を結びながら生きていく場の様子を「風景」として意識し、表現しなければならなくなった。そうしなければ、この生きものとの関係が守れない。生きものが、百姓仕事が、そういう場が世界が、守れなくなった。こういう事を言っている人間はまだ稀だろう。しかし、自然がそれを要請しているような気がしきりにするのである。

こうも言えるだろう。「ただの風景」を発見することは、仕事に没入することを妨げる近代化精神に対抗する手段である。なぜなら風景を百姓仕事が生産していると気づくなら、近代化社会は損害保障を風景から求められることになるからだ。

アンケート結果の紹介

ここで農と自然の研究所が実施したアンケートの**【あなたが百姓仕事の合間（休憩時間）に、風景を眺めるのはどうしてですか？】**（設問No.5）という設問の回答を紹介しよう。【　】内は私が整理してつけた見出し、（　）内は私のコメントである。このアンケート全体の眼目だが、一番答えにくい設問である。にもかかわらず、懸命に「意識化」「風景化」して答えている姿が彷彿としてきて感動的である。

【意識しない】

：意識して見ていない。作業の手を休め、腰を降ろせば自然と眺めるのは当然でしょう

：いつも何となく見ている。

：何となく眼が向いてしまうのかなぁ

：自分が自然の中にいるから

：理由は特にない。ただ土のにおいを感じているだけ

：文章では書けない何か

：それしか見えないから

：別に見ているわけでなく、風景が眼にはいるだけ。見ているのは、風景の中の農事の変化の方だと思う

：他にすることがないから

：わからない

【休息が目的】

：疲れたから

：無心になりたい

：仕事からの解放感

：気持ちが楽になっていくからかも知れない

：気持ちが安らぐ、疲れがとれる気がする

：疲れを忘れさせ、気持ちを慰める力があるから

：仕事にはりあいが出る

：腰が痛くなるため

：息抜き

：気分転換

：遠くを見て、一息つく（やや多い）

：疲れを癒す［夏でも雪をいただく

鳥海山など（やや多い）
：ボケーッとして、気分を楽にしたい。何となく見ながら、考え事をしている。改めて問われると、別に眺めているようで、眺めていないことも多い
：リフレッシュ。季節を感じる。
：ほっとしたいから。癒されたい体と心をかよわせる。ホッとしたい
：無条件に気持ちがいいから
：血圧を下げるため

【他の目的】
：美しい、きれいだから
：何か、まわりと一体になれたように感じるからかもしれない
：心がふるえるような、満たされるような気持ちがするからかもしれません。そしてそんな中で、一日の大部分を過ごせる人生の幸せと豊かさを感じます
：神仏への感謝の念
：自然の中にとけこんで、一体になる感じがするから
：風景を眺めて深呼吸すると気分が安らぎ、この地域で生きていることを実感する
：仕事をしていると、どうしても自分の足元しか見えていない。草とりの手を休めて、腰を伸ばすと遠くの山々や空が見え、涼しい風が吹き渡り、心と体の疲れを軽くしてくれるような気がする
：忘れていることはないか、思い出すため
：考え事をするとき
：田んぼが緑だから
：暑いときでもさわやかになる
：季節を感じたいから
：呼吸を整えるため
：さて、と腰を上げるときに後押しをしてくれるのが風景のような気がします
：自然の叡智に学ぶ
：仕事に集中していると、まわりが見えなくなる。ふっと息をはいて、まわりの風景を見ていると虫や作物、雲の形など新しい発見があるから
：自分のやった仕事を見るのは楽しみです

【結果はどうなったか】 ：意識をしたことはないですが、たぶん見慣れた風景でも心が落ち着くというか安らぐというか、安心感みたいなものがあると思います ：旅行先の花や虫より、日々暮らしている土地の生き物はなぜか好きになれる ：労働の後の風景は、なぜかきれいに見える ：心が和む ：心身共に安まる気がする（やや多い） ：心地いいから ：安らぐから ：涼しい風を感じる ：いいなと感じて、不思議な気持ちや無心にかえる ：可憐に咲く野草を見つけてホッとする ：五感を刺激されて、日頃の雑事を忘れ癒される ：小さな生きる実感がわく ：快い疲労感と達成感を感じる ：時の流れを感じることができる	から ：小鳥の鳴き声や羽音で振り返るとき ：気持ちがホッとして、安らぐから ：気持ちが落ち着き、幸せな気分になる ：いいところで仕事しているなぁと再認識できる ：気持ちが休まる ：気持ち良いから ：無心になれる ：心身共に癒されたいから。とくに鳥のさえずりや姿が気になります。ヒバリの一番鳴きやツバメの姿、白サギ、とんび等を見ると嬉しくなります ：季節を感じてほっとする ：空がきれい ：何となく安らぐが、すぐに最近できたバイパス道路の自動車の列でゆっくりできない ：とくに辛い仕事の合間に感じる風景は、本当の自分と対話するようで楽しい ：心が落ち着くから。広々とした稲田の風景は、山の山頂に立った

時と同じような感覚もあります。ほっとしますね
: 風景が眼にやさしい
: その時だけ時間が止まり、風や臭いを感じるから
: 畦に腰を下ろして、景色をながめ、空を仰ぎ見、風を感じ、小鳥の声を聞くこと。農をしていて、一番の収穫を感じるから
: 百姓しているなーと思う

【歴史】
: ふるさとの山に愛着があるから
: 若いときは風景を眺めることはなかった。眺めていたでしょうが、頭の中に入っていない。今では、遠くの山を見るのがすきです
: 生まれ故郷であり、鎮守の森を見てほっとするから
: 風景を眺めていると、人々は自然から生かされているな、と感じる
: ひとつながりのいのちを感じてやすらげるから
: 生まれ育った風景に人生の思い出を感じる。将来誰がこの土地を受け継いでくれるのか心配になる

【有用性・作物観察】
: 強いて言えば、自分が作った風景の再確認
: 自分のした仕事でどれだけ風景が美しくなったか見る
: 作物の成長に感動を覚えるから
: 作物も人間も生命をとりこむ
: 作物のできがいいかどうか（やや多い）
: 仕事がどれくらいはかどったかの確認。自分以外の人が農作業などで難儀していないか確認。トラクターなどが田んぼでめり込んでいないかどうか、相互扶助
: 何かいないか？と思って
: 天気の変化を予想する
: 次の作業計画
: 次の仕事への段取りと意気込みの調整
: 周辺の状況を観察して、季節を感じ、栽培に活かすため
: 仕事の成果の確認。大自然の一部を作業しているから
: 獣などが来ていないか気にする

眼に入ってくるもの

多くの百姓は言う。「風景を眺めるという気持ちはない。ただ自然に眼に入ってくるものだ」。これは風景化されてはいない前風景状態だと言える。しかし、否が応でも眼に入ってくる。百姓仕事に没頭しているときには眼に映らないものが、ふと仕事の手を休めたときに、あるいは仕事との合間の休憩の時には、当然のように眼に飛び込んでくる。それは、自然の中で仕事をしているからあたりまえのことだろう、と思われるかもしれない。

しかしほとんどの百姓は休憩時間に、一服するときに、なぜ風景を眺めるのだろうか。新聞を読んだり、本を読んだりする百姓はいない。もちろん百姓には眺めているという意識は希薄で、周囲の自然に取り囲まれているだけかもしれない。しかし、眼に飛び込んでくるのは、自然と言うよりも風景であろう。自然や生きものが風景という表情をして、眼に入ってくるのだ。

もとより、百姓は自然を読み、作物や生きものの成長・変化を読むという経験を積んできた。じつはここに伝統的な消極的な「風景化」が行われていたのである。しかし、これではまだ完全に風景にはなっていない。

季節の変化に眼を向ける

季節や気象の変化に敏感でなければ、百姓は仕事がうまくいかない。日本人が「桜」の花を好きなのは、「花見」という行事が、いつから始まったのかを考えればわかる。

それは「さくら」という言葉に表出している。さくらの「さ」は、早苗、早乙女、さなぶりの「さ」であり、穀物神を意味していた。「くら」は座る場所のことだから、さくらとは稲の神様が出現する場所の意味である。春になると山の中腹に山桜が咲く。百姓は「ああ、今年も稲の神様が訪れた」と感じ、その桜の花の一枝を伐ってきて、畦に立て、稲の神様を迎えてお祝いをした、というのが「花見」の起源のようだ。そうすると日本人は山桜に、百姓仕事の合図を読み取っていたわけだ。季節を感じることは、百姓仕事と密接に関係した。「春の訪れ」というような単なる季節変化の現象ではなく、もっと深く生活に根付いた花だった。

北国の山肌の「雪形の風景」もまた、単に雪解けの時期の早さや遅さを測るのではなく、百姓仕事と結びつけられたからこそ、様々に言い表されてきた。このように季節の変化を百姓仕事と結びつける現象は、古くから「風景化」の一歩手前まで来ている。しかし、それは風景化まで行き着いてはいない。なぜなら、それはくらしの一部で生きている世界そのものだからだ。自然の中から見ているからだ（四七ページの図の池の中のフナだからだ）。対象から、自分を引き離していない。同じ世界の住人みたいなものだ。

日本のことわざに、風景に関するものはない、と言われている。気象や雪形に関することわざは多いが、それは仕事やくらしをすすめる合図であって、風景としての美しさを表現し、伝えたものではない。

仕事の成果を確かめる

百姓は常に仕事の成果を確かめないわけにはいかない。その多くは作物の育ち具合に向けられる。「肥料が効き過ぎたのか、新葉の色が濃すぎるな」というような観察は毎日の仕事である。また田まわりしながら、そろそろ草が伸びてきたな、畦草刈りをしなければならない、と仕事の予定を立てることも普段に行っている。このように、仕事の結果を確かめるまなざしや、仕事の計画を立てるまなざしは、生きものに向けられるが、風景に向けられてはいない。

本当にそうだろうか。草の伸びぐあいに眼がいくときに、一種ごとの草の伸び具合を観察して、判断しているのではない。全体の様子を感じているのである。新葉の葉の色や形を見る前に、田畑全体の様子の変化に異変を感じているのである。もちろん感じるためには、まず眼に入っていなければならない。しかし、それは眺めることとは、かなり違うものだ。

百姓仕事と結びつけられてきた北国の山肌の「雪形」の風景（呉地正行撮影）

なぜならそれは「風景」ではなく、作物や田畑や畦道の「様子」なのだから。

このように百姓は風景ではなく、「様子」をつかむことには長けている。しかしその様子は、風景の方に進まないで、作物や生きものの様子でとどまってしまう。あるいは、仕事の出来映えを測る方向に向かってしまう。しかし、ここにこそ、百姓的な「風景化」の扉がもう少しで開かれようとしている。

様子から風景へ

「様子」から「風景」への移行がどのようにして起きるかを説明しよう。畦草刈りが終わる。百姓は休憩しながら、刈り終えた畦を眺める。やり終えた充実感は、そのさっぱりした畦の様子から増幅されてもたらされる。刈り終えて、さっさと帰ってしまったら、この充実を味わうことは少ない。この味わう時間はとても大切だ。なぜなら、その畦の様子に、百姓は何らかの心地よさを感じるからだ。これを現代では「美しい」と表現してしまうことが多い。さっぱりした感じ、ほっとする感じ、落ち着いた感じ、などの情感を少し格好をつけて言うと「きれい」「美しい」になる。この美しさとは、いったい何なのだろうか。

百姓が感じる美しさとは、作物や生きものや仕事から切り離せない。美しい田や、美しい稲や、美しいトンボや、美しい仕事の出来があるだけである。そこから「美」や「美しさ」を分離する必要などどこにもない。それほどに田畑や山や作物や生きものや仕事への情愛が強く深い。したがって風景の美しさではなく、美しい風景がいつもそこにある、というべきだろう。
美しい畦があるのは、ちゃんとした仕事がなされているからであり、そこに咲く花だからこそ美しい花だと感じることができるのである。その様子をあえて「風景化」して、つまり表現しようとすれば、美しい風景が現れるのである。その瞬間を農と自然の研究所の「風景についてのアンケート」の回答から感じとることができるだろう。

これを二つの側面から整理してみよう。

【百姓仕事からの風景化・発見】

仕事に没頭（我も、風景も忘れている）→手を休める（我に戻る）→様子が見える→世界全体（前風景）に視野が広がる→何かのきっかけで風景化が行われる＝自然が見える（世界認識が行われる）→風景が出現し定着する→景観を分析できる

仕事の跡に心地よさを感じるのは、まだ様子を見ている状態だろう。それがさらに仕事を離れて、そこから身を引き離して自分が生きている世界を感じよう、とらえようとすると、前風景になる。普通はここで、停止してしまう。そこでこの世界を表現しようとすると、一挙に外側に出ることが

できる。風景が眼の前に出現する。これが「自然」でもあり「風景」でもある。情感と記憶がわきあがってくる。美しさ（場合によっては醜さ）が心にしみてくる。これらが一瞬に行われることもある。「景観」を口にするのは、これらの情感の嵐が去って、さらに第三者みたいに静かに醒めて風景を分析するときである。それは情感抜きに語れる対象であろう。

【表現から見る】

> 仕事に没頭（自然と一体＝無表現）→眺める（様子は語ることができる）→百姓仕事を見つける（出来映えは語ることができる）→何かの動機で表現しようとする（風景が現れてくる）→風景を語る（風景が残る）→さらに景観にすると分析できる

仕事の最中は、相手である作物のことしか見えていない。手を休めると、田んぼや畑の様子が見える。その様子に百姓仕事の跡を見つける。それを仕事として語るのではなく、百姓仕事がつくりだした風景として語ろうとする必要がある。その気持ちが少しでもきざせば、風景化は一挙に達成できる。

百姓仕事の表現

百姓仕事の成果を風景として表現しなければならなくなった最新の事情を説明しよう。二〇〇〇年に新潟平野の田んぼと、北海道石狩平野の田んぼを見に行った。どちらも忘れられない風景になった。田んぼの畦の七割以上に除草剤が散布されていたのだ。田んぼの稲はどこも青々としているのに、畦は除草剤であかく、黄色く立ち枯れした田んぼが広がっている風景に釘付けになった。もちろん私はすぐに、これが畦草刈りが、生産性向上を求める時代精神によって、つまり労働時間を短縮するための除草剤散布にとって代わられた結果だと納得した。この異様な風景は、現代日本人の精神が見事に投影されていると、受け取るべきだと思った。

現代日本人なら、この風景を批判する資格をだれも持たない（先祖や生きものにはその資格があるかもしれないが）。畦草刈りという百姓仕事は、除草剤散布という農業労働に変質しようとしている。百姓もそれを受け入れている。私は、この時代精神を崩さないことには、百姓仕事は守れないと思

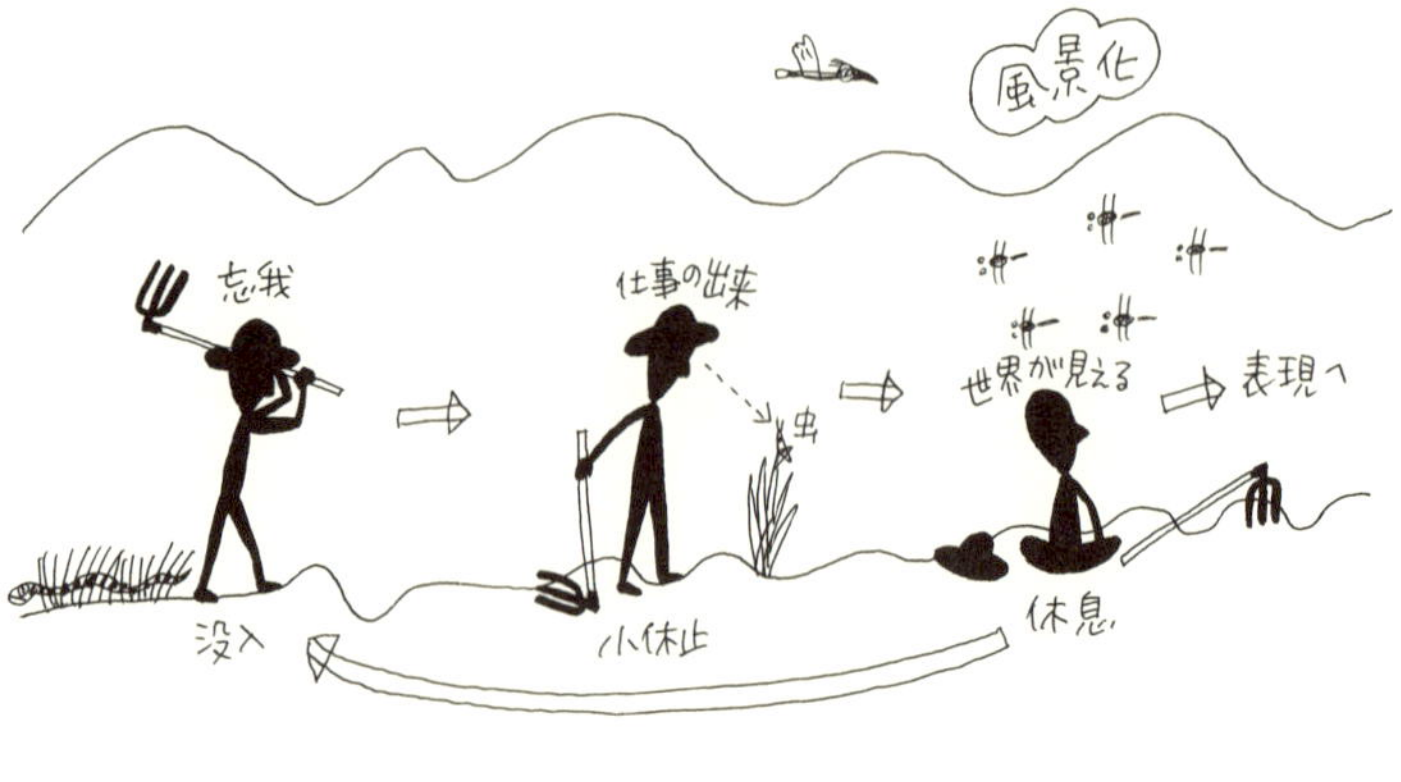

う。除草剤を散布する百姓の哀しみを受けとめながら、なぜここまで時代精神に負け続けて行くのかを考え続ける。

畦草刈りという百姓仕事を、除草剤によって代替できる程度の作業だとみる精神とは、なかなか手強いものだ。日本農学と日本農政によって育てられたこの「労働観」と「技術観」を私は批判し、乗り越えたいのだ。そのためには、畦草刈りが単に草を刈る作業ではなく、つまり除草剤散布によっては代替できない、生きものを育て、田んぼや畦を慈しみ、風景を守る情愛を育てる仕事だということを証明しなければならない。

畦草刈りでは持続することができた風景が、除草剤では守れないにもかかわらず、除草剤散布が浸透してきたのは、その守られる「ただの風景」の価値を表現し評価する思想が育たなかったからだ。百姓の情愛や情念など平気で踏みにじる近代

右側だけ、除草剤がまかれた畦道。畦草刈りは、除草剤散布によって代替できないのはなぜか、問いつづけたい

化思想に、「ただの風景」では対抗できない、と思いこんできたからではないか。ただの風景を発見し表現することとは、じつは農業の近代化に対抗する新しい思想なのである。

畦草刈りするから、四季折々に様々な草花が咲き乱れ、野辺は美しく保たれる。草刈りした後の様子は、気持ちも落ち着くし、仕事のリズムも刻むことができる。そうした情念をその風景に保存できる。

さて、もう一度除草剤を撒布した畦に戻ろう。足許に眼を落とせば、枯れた草々が眼につく。一本一本の枯れ具合を見ているときには、風景にはほど遠い。畦全体を見ても、除草剤の効果を確かめている時は、様子は見えていても風景は見えていない。さらに田んぼも含めて、その辺りの世界全体に視野が広がれば、除草剤で草が立ち枯れした世界が見える。もしそこで、「情けない」「仕方がない」「楽になった」などという情感が湧いてくれれば、一瞬のうちにその世界は風景として、身にしみる。そういう風景として、人にも語れる。この思いは仕事に根ざしている。

機能ではなく、仕事だ

近年生まれた新しい言葉である農業の「多面的機能」には「風景形成機能」が含まれている。この言葉はそれまでの「農業生産」という概念が、カネになる食料生産だけに限定されていることへの批判から生まれた。だが残念ながら多面的機能は、農業生産の概念を拡大しようとするのではなく、農業生産に含まれないものをこの新しい言葉・概念に押し込めるだけにとどまってしまった。

それは、提唱者たちに、これらの「機能」を支えている百姓仕事が見えなかったからである。さらに、農業生産の本質を、百姓仕事があってこそ引き出されてくる「自然のめぐみ」としてとらえる日本人の伝統から遠いところにいたからである。このことを「風景形成機能」を例にとりあげて検討してみよう。

機能とは、結果として生み出される「作用」として定義される。「田んぼには洪水を防止する作用がある」「田んぼには生きものを育てる作用がある」と言い換えてもいいだろう。その作用は百姓が目的としていないが、たまたま結果としてもたらされる田畑が具備している「機能＝作用＝結果」だと言うのである。

例えば青田の風景は、それを目的に農業が営まれているわけではないが、田んぼで稲が育てば出現するものだ。重なるように伸びている棚田は、急斜面の山肌を切り開いて田んぼをつくっていった先人の仕事によるものだが、その美しい風景はその結果、目的としていなかったにもかかわらず生まれたものだ、と言う。

しかし、その風景も百姓仕事によって生まれたとなぜ言えないのだろうか。百姓は目的としているものだけを受け取ってきたのではない。工業労働では、目的外のものは生産しないし、そもそもできないし、それは生産ではない。しかし、農業は目的としていないものまで、引きだしてしまう。自然に働きかける仕事とは、そういうものだ。人間が主役ではない。自然が生きて、循環し、くりかえす営みをうまくいくように見守り、手助けするのが百姓仕事だからだ。アダム・スミスの言葉を借りれば、自然が一緒に働いているようなものである（『国富論』）。だから百姓仕事によって、支えられる自然が美しいのである。それは仕事の美しさでもある。したがって、近代化精神を逆手にとって断言するなら、百姓仕事が目的としていない美しい風景も立派な農業生産物である。

最近になって、多面的機能のうちの自然環境にかかわる部分を「生態系サービス」と言い換えることが流行っている。「環境便益」も同じような発想だろう。ここでは人間にとっての「有用性」を求める気分が露骨になっている。「機能」で見え隠れしたものが堂々と顔を出してきたのはどうしてだろうか。

木陰で憩う理由

クーラーの風と木陰の風では

百姓が風景を眺める理由には、もう一つの説明の仕方がある。真夏の野良仕事で一服するときに、右手には木陰があり、生ぬるい風が吹いているとする。左手には車が止めてあり、エアコンをかければ、冷たく乾いた風にあたることができるとする。みなさんはどちらを選ぶだろうか。百姓のほとんどは木陰を選ぶ。エアコンと自然の風を比べ、エアコンの風の方が温度も湿度も低いのに、自然の風を選ぶのはどうしてだろうか。

もうずいぶん前のことだが、地元の中学校で、授業をしたことがある。九月の暑い午後だった。窓からは涼しいが弱々しい風が吹き込んでいた。そこで「この窓から吹き込む自然の風と、エアコンの風とでは、どちらが気持ちがいいと思うか」と尋ねてみた。すると八割の子どもが、自然の風の方が気持ちがいいと言う。その理由を尋ねても、「気持ちいいものは気持ちいいのだ」と答えるばかりであった。

ところが、大人は風だけを科学的に分析しようとする。自然の風には微妙な揺らぎがあるし、遠くの森の上を通過する時に木々の葉から蒸発するフィトンチッドを微量に含んでいるからに違いない、などと考える。それならエアコンの風に微妙な揺らぎを持たせ、微量のフィトンチッドを含ませて吹き出させたら、自然と同じように感じるだろうか。決してそう感じることはないだろう。それはエアコンの風は自然の風ではないと知っているからである。エアコンの風は人間の力でコントロールできる。人間の支配下にある。一方の窓から吹き込む自然の風は、人間が支配できないどころか、人間は風の支配下にある。つまり、自分の力ではどうにもならないのだから、身を委ねてしまう。風に包まれてしまう。その風と一体になる状態が心地よいのであろう。

木陰で休むということは、生ぬるくても風に包まれ、一帯の自然と一体になれるから、身も心も安まるのである。つまり、風景を眺めるということは、その風景に（自然に）包まれることである。この場合重要なことは、その風景とはいつも見慣れた風景でなくてはならない、ということだ。特別な感慨を引き起こさない、ありふれた見慣れた風景だから、心ざわつくこともなく、安んじられる。それは風景化される前の前風景＝自然＝そこの世界なのである。

　これが、他所の風景では、それがどんなに特別に美しくても、こうはいかない。全く別の感慨が押し寄せてきて、感動することはあっても、包まれて心休まることはない。それはもう完全に風景になってしまっている。このように「風景化」することは、必ずしもいいことばかりではない。むしろ風景化しないで包まれているだけのほうがいいこともあるのだ。風景化とは、「ただの風景」を守る手段なのである。

日陰を追放した田畑

　木陰は、風景として重要であるよりも、風景を眺める場として、風景に包まれる場としてとても重要だ。これまでは、ありふれたただの風景を安心して、ゆっくり眺めることができる場の重要性を誰も言い立てることがなかった。農道に止めた車の座席は、快適なエアコンが効いていても、木陰に代わることはできない。そこでは、自然と一体化できないからだ。

　圃場整備で、木陰のない田畑が増えていることは悲しい。休む木陰のない広々とした平野は寂しい。風景と風景を眺める場の重要性に、農政と農学は気づくことがなかった。その理由はいくつもあるが、ただの風景を発見するまなざしが、近代的な思想には欠けていたのは間違いがない。むしろ障害物のない、生産性の高い田園に近代的な美を感じていたのである。

　米の輸入に合意した見返りに実施された「ウルグアイ・ラウンド農業合意関連対策」の大綱（一

九九四年一〇月）では、次のように唱っている。

「効率的かつ安定的な農業経営による生産展開の基礎条件を整備するため、特に生産性の向上に直結する大区画ほ場整備等の高生産性農業基盤整備を、平成一二年までの間において、重点的かつ加速的に推進する」。この場合の大区画とは、一枚が一ヘクタール以上の水田を指している。この程度の認識でしかなかった。

休む時間は、労働時間ではないのか

ところで、百姓が一服する時間はどう位置づけられてきたのだろうか。「休憩時間に決まっている。労働の疲れをとって、次の労働に備える時間だ」というのは、工業的な労働観だろう。たしかに現代人は、こうした見方しかできないようになってしまっている。

もうずいぶん前のことだが、「日本農業新聞」に一つの短歌が取り上げられていた。

「田草取れば草にからみてつききたるお玉杓子が掌に躍るなり」（丸井貞男）

草とりの時に、草に付いてきたオタマジャクシに作者の百姓は心を躍らせて、しばし眺めているのである。ところが、評者は決めつけるのだ。「百姓の仕事に楽なものはないが、なかんずく腰をかがめて炎天の田を這い回る田草取りはきつい。……太陽に背をあぶられ、沸き立つ水にうだって、田を這い、田泥を掻き続けるのは、まさに苦役だった」。そして、この歌は、百姓にしかわからない田草取りのつらさをせめてオタマジャクシによって慰めている、と評するのだ。私はこの評者の詩人に深く失望した。除草を苦役だと決めつけたとたんに、手取除草の技のすごさは眼に入らなくなる。「稲が自分の手入れを、喜んでいる」と感じる仕事の達成感とやりがいは消滅する。だから、この歌の作者がオタマジャクシと一緒に仕事をしている実感に寄り添うことはできない。

この評者は、外側から見ている。百姓が稲や草やオタマジャクシと一緒に仕事をしている世界の中に入ることはなく、近代的な視線で外側から、百姓とその仕事と生きものを見ている。それは、現代を席巻している潮流である。

近代的な労働観では、百姓が仕事の最中にオタマジャクシを眺めていたら、さぼっているか、体を休めているか、せいぜいオタマジャクシを見つめて癒されている、としか考えないのではないか。要するに、労働時間と休憩時間をきっぱりと分ける。労働と遊びを分けるのがあたりまえになっている。しかし、それは近代の労働観であって、もともとは仕事と休みの区別は曖昧だった。何よりも「労働時間」という概念はなかったからだ。しばし、オタマジャクシを眺めるひとときも仕事の大切な一部であり、顔を上げ腰を伸ばして風景を眺める時間も仕事の中にとり戻したいものである。

「癒される風景」は薄情

自然や風景や生きものによって「癒される」という言葉を、よく耳にするようになった。しかし、そういう欲望は前に紹介した「短歌」の世界を、あの評者のように外側から見る視点から生まれるのだろう。自然の外に出るから、自然から癒されることができるのだ。自然の中に入って一体化すると、もう自然が自覚できない。風景も見えなくなる。癒されるという自覚は、自然や風景を外から眺めているに過ぎない。言わばそれは旅行者の捉えた自然の風景であり、疲れた自分をやさしく包んでくれる「便益」を期待しているから生じる関係だろう。その程度の癒しだと言うしかない。

たしかに、疲れた私、傷ついている私を慰めてくれる美しい自然の風景は、時代の要請なのかもしれない。そこには、私のために、自然や風景の癒してくれる「機能」が見えるのである。人間の自我が肥大化していくから、それを忘れさせてくれる外界が必要なのだろう。

本当に癒されたかったら、自然を相手にする百姓仕事に没頭するしかないだろう。そこで感じるのは癒しではなく、忘我の心境だろう。仕事が楽しい、という心境である。そこには自然も風景もない。癒しも慰めも同情も安堵もない。ただ、没頭した世界があるだけである。池のフナになりきるのである。もちろん、仕事の手を休めたときに、我に帰ったときに、押し寄せてくる自然からの情感の心地よさはあるだろう。その心地よさは、癒しを求めて、自然を眺める時の心地よさとは似て非なるものだろう。

しかし、その程度の癒しで満足する人が多いのも事実である。自然と一体になるのではなく、たしかに自然を景観として見るだけで、そこに自己を包み癒してくれる機能があるように感じさせてしまうほど、自然は風景の表情で応えてくれるような印象がある。これが「風景化」の効能でもあるが、むしろ風景化とは、風景化する前の自然との一体感を取り戻す、練習なのかもしれない。

百姓も在所のありふれた風景に安堵し、心地よく感じることも少なくない。しかし旅行者の場合と違って、それは自分が安堵するよりも、在所の自然の様子が変わりない無事を確認して安堵するのであり、自分との関係が変化していないことが安心を呼ぶのである。

田んぼから吹く風

風を見る

自然現象だと思われている〝風〟をとりあげて、風景との関係を考えてみよう。風景は生きもので満たされている。その中でも「風」は別格である。ここで風が生きものだという言い方を奇妙に感じた人が多いだろう。風が生きものだというのは眼で見えるからだ。風が眼に見えるのは、草木の葉を揺らすときではないだろうか。木々の葉では、風の一部しか見えないが、風の全体が見える場所がある。田んぼである。

田植したばかりの時は、水面を風が渡るときに、風の全貌が見える。まるで動物のように水面に波紋という足跡をつけながら駆け抜けていく。稲が茂り、青々とした田んぼになると、今度は稲の葉を揺らして、風が通る姿が見える。一つとして同じ姿の風はない。風がいかに複雑な動きをしながら、形を変えて吹いていくかがよくわかる。

それに、風は多くの場合、涼しい。それは私が夏の田んぼの仕事を念頭に語っているから、そうであって、冬は寒い風だし、夏だって生ぬるいときだってある。しかし、生ぬるいときだって少しは涼しい。「それは体表の気化熱を奪うからだ」と科学的に説明してもらう必要はない。そう感じることが大切なのだ。

先に紹介した中学校の授業での話の続きをしよう。クーラーの風よりも窓から入ってくる自然の風のほうが気持ちがいいという子どもたちに、「昔の人はね、自然の風に当たると気持ちいいのは、風には風の神様がいて、風が当たるとその神様が人間の体を通り過ぎるときに、私たちの疲れている魂を元気にして、通り過ぎるからだと信じていたんだ」と説明すると、多くの子が「わかるような気が

風の姿を見ることができる。田んぼの恵みのひとつだろう

する」と答えた。じつはこの生徒たちは、数分前は「正月は単なるカウントダウンだから、元旦になったからと言って、別に気分に変化はない」と言っていた子たちなのである。

たぶん昔の人は、「風はなぜ気持ちがいいのだろう」「風はなぜ生きているように変化するのだろう」と考えたのだろう。そこに風の神を見るのは、簡単だったのだろう。

田んぼで風が、二・五度冷やされる意味

農林水産省は、二〇〇二〜二〇〇四年に全国の田んぼの風を測定した。それは、水田の気象緩和機能を確かめるためである。たとえば、田んぼの上を渡る風は、二・五度冷やされる、ということである。しかし、その涼しい風を、自然に吹いている風と感じていた頃と、田んぼに水がたまり、イネが育つことにより、もたらされる「恵み」なんだなあ、と感じるようになった後では、多面的機能は同じでも、明らかに「めぐみ」の内実は変化している。以前はそれらは、自然現象であって、「農のめぐみ」ではなかったのだ。

ところが「機能」は涼しい風を自然現象のまま置き去りにしている。それを農の「めぐみ」として、つまり国民の大切な財産とするためには、その機能が、どういう百姓仕事によって、維持されているかが表現され、国民に納得されなければならない。つまり「多面的機能」は、それを生み出す百姓仕事を見つけ出せずにいる。だからめぐみにならない。その原因は、農業技術だけでは百姓仕事が見えないからである。

田んぼの上の風が涼しいのは、何より田んぼに水が溜まり、稲が育っているからである。それは「田まわり」という百姓仕事によって、畦が見守られているからである。しかし農業技術にはこの「田まわり」が見あたらない。「そんな馬鹿な」と思われるかもしれないが、戦後の農学者が書いた技術書には「水管理」はあるが「田まわり」を書いたものがない。機能とは、その程度の浅い表現なのである。

多面的機能という説明方法

ところで、風景の中に百姓仕事を見つけるのは、多面的機能の中に百姓仕事を見つけることと同じ構造である。農業の多面的機能とは、田んぼの上を吹く風が涼しくなるとか、田んぼがあるから洪水が防げるとか、田んぼがあるから赤トンボや蛙などの生きものが生きていくことができる、などというカネにならない働きを指す。これは百姓仕事の目的ではなく、たまたま結果的にそうなるものだから「機能」と呼んだ。これに対して、私はこれも百姓仕事の成果であり、目的としていないというとらえ方は、農業の性格を誤ってとらえていると、批判してきた。そして、そのため多面的機能を支えている百姓仕事を具体的に説明して見せた。(『百姓仕事」が自然をつくる』二〇〇一年)

同じように、風景を形成している百姓仕事もちゃんと探すことができる。それは百姓仕事が目的としていないものだ、という精神構造だから見えないのである。くり返しになるが、百姓仕事とは、自然のめぐみをたっぷり、豊かに、安定して、毎年繰り返して引き出す営みであり、目的としたものだけを引き出すことなど、不可能である。米ができるときには、トンボもカエルも一緒にできるのである。稲は稲だけでは育つことができない。それが自然の全体性であり、自然の豊かさである。そうした農業観を捨て去った近代化主義から見れば、農業生産とは切り離してもたらされる余禄に見えるのかもしれない。したがって、それを生産物ではなく、百姓仕事の成果でもなく、意識しないところでもたらされるものであるから、農業にはそういう「機能」があると、精一杯表現したのである。もっとも、この表現は一九七〇年代の初めに出てくるのだから、それなりに新鮮だったのも間違いない。

しかし多面的機能は、農業外から持ち込まれた概念である。百姓は、未だにそれが百姓仕事の成果だと言えないでいる。風景も同様である。

百姓にとっての「風景化」の手順

夕焼けをとらえてみよう

まず純粋な自然現象である「夕焼け」を百姓のまなざしでとらえてみよう。

①「夕焼け」は純粋に自然現象で、人間との関わりは投影されていないと、従来の学は考えてきた

が、そうだろうか。
②百姓は夕焼けを見て、美しいと感じる前に、今日の仕事を振り返り、晴れる明日の仕事の段取りを考える。「夕焼けは鎌を研げ」（晴れるであろう明日の仕事の準備をしておけ）という類のことわざは全国各地にある。
③そういうくらしの中で、そういう情感の中で眼にする夕焼けは、旅行者の見る夕焼けとは異なって見える。仕事を支え、くらしを後押ししてくれるものである。
④夕焼けは風景ではなく、自分の生きていく世界の一部であり、風景化されないものである。
⑤【ここからが難題】夕焼けに美しさを見るのではなく、その夕焼けの下で一日仕事をしてきた者に訪れる情感をまず感じて、その中で一日を振り返り、明日を思い浮かべる。夕焼けがひときわ身にしみるときもあれば、仕事がはかどらなかったことが救われてほっとすることもあるだろう。つまり夕焼けは、画面ではなく、百姓仕事の結果で見え方が異なる。働かなかった百姓にはその夕焼けの心地よい情感は訪れない。
⑥そういう情感の中で眺める夕焼けは、自分の世界の一部であって、審美の対象ではない。しかしそういう心境でふと眼にした夕焼けはことのほか美しいと感じる。
⑦しかし、それを他人に語ることはない。

青田の風景を表現してみよう

次に自然のめぐみでもあるが、百姓仕事の成果でもある真夏の青々とした「田んぼ」の風景を百姓の目でとらえてみよう。

①百姓は、何よりも手入れする対象としての稲を見つめ、気遣う（眺めるのではなく、我が子を見るように見つめるのだ）。

②稲の育ちを気にかけ、手入れ（仕事）の成果をさがし、確かめようとする。

③稲がどういう手入れを求めているかを考える。

④そして、稲を包む生きもの（有情）を自分も感じようとする。このときに稲をいとおしいと思う余裕が生まれてくる。百姓が稲の葉のそよぎに、ことさらに風を見るのは、旅行者と違って、稲と風とが踊っている姿をいとおしんでいるのだ。そこに見える風は、風速五メートルの南南西の風ではない。生きものである風である。

⑥そして、完全に我に帰って、稲から少し身を離して、あらためて青田を見渡すと、いつ見てもなかなか美しいものだという情感がこみ上げてくる。これを「審美」や「美意識」と言えないことはない。

⑥しかし、百姓はこの美しい青田を人に語ることはほとんどない。

⑦ところが、まれに、それを語ることがある。その時に青田は「青田の風景」として独立するのである。

アンケート結果の紹介

【「青々とした夏の田んぼの風景」をどう思いますか？】（設問 No.11）への回答を見てみよう。青田の風景化が見事に行われている。

ここでも稲を語るか、百姓仕事を語るか、自分を語るか、田んぼ全体を語るか、立ちこめてくる情感を語るか、過去や未来を語るか、自然を語るか、じつに多彩で多様であるが、風景化の過程もまたよく表れていることに注目してほしい。【　】内は私が後から分類したもの。（　）内は私のコメント。

【稲のこと】

：今年もよく育っているな

：美しい。元気なエネルギーを感じる

：日増しに青くなるのが楽しみ

：よくぞ揃って育ってくれた

：いのちの躍動を見る

：稲の生命力を感じる（これは多い）

：稲と草のにおいを感じる

：まず、稲が元気か気にかける

：元気かーと声をかけたくなる

：まっすぐ上を目指す様な稲の葉はいいもんだと思う

：太陽の力に感謝！

：頑張っているな、という思い

：若さや勢いを感じる

：野分の時は特に、生命力を感じる

：小さな苗が大きく生長した喜び

：天の恵みに感謝する

：少年から青年へ

：順調かな？という感じ

：稲たちよ、あとはまかせるよ、と感じ、木陰で涼む心の余裕ができる

【百姓仕事のこと】

：草刈りしなければ（やや多い。このように仕事と結びつけるのは、百姓の特徴）

：7月であれば、除草作業を終えて安堵の風景。8月に入ると出穂を間近にして緊張と期待、稲刈りに備える張りつめた風景になる

：元気よく育った稲を、自分が田の草とりでがんばった成果としてとらえ、喜びと心地よさを感じます **【自分の感覚】** ：大きな声を出したい程 ：なんだか広々した気持ち ：さわやかな風を感じる ：さわやかで心地よい ：蒸し暑くても、とても爽やかな気持ちになれます ：清涼感があふれ、心が澄んでくる ：うれしい、安心、美しい ：とっても癒された気分になる ：夏の暑さとセットになっているので、すこしうっとうしい ：暑い ：涼しい（上と対照的だが、同じことかも） ：身じろぎもせず猛暑に立つ稲から発する、湿度100％近い湿気にはまいる ：すがすがしい ：とっても気持ちがいいし、一番すきです	：青田の上を吹いている風を思い切り吸ったら、病気も何もふっとんでしまうような気がします **【風景化の開始】** ：田の中に入ると青々とした稲の下の世界の多様性を思い、田の外から見ると、風のやわらかさ、涼しさを思います ：稲の葉すれすれにツバメが舞う風景は素晴らしく癒される ：稲が風になびくことで、風が見える ：さわさわと風に揺れる葉は何とも言えずきれい ：青田風を感じる ：涼しい風（風をあげる人はやや多い） ：暑さに負けず飛び交うシオカラトンボの姿には心癒される ：ツバメが似合う ：風が吹くと緑の海のようで気持ちがいい ：波打つ稲を見ながら、シャツを両手で広げて風を迎える時の気分はたまんない！

：日本の生産力の高さを思う（これは立派なナショナリズムになっている）
：本当に美しいと思います。日本に生まれて良かったと思います（これはナショナリズムではなく、パトリオティズムの典型だ）
：自分は老齢だから、あと何年この風景が見られるだろうか

【率直な気持ち】
：ごくありふれた風景なので何とも思わない

田植直後の風景

時間をさかのぼって「田植直後の風景」をとらえてみよう。ここでも構造は同じだ。

①まず、田に植えられた苗を見つめ、育ちを気にし、願う。あるいは祈る。
②次に、田植という仕事の出来映えを稲の姿で確認する。欠株はないか、真っ直ぐ植えられているか、深植・深水になっていないか、などと観察する。
③稲がこれからどういう仕事を求めているかを考える。
④さらに、田んぼ全体の変化を受け止める。それまでとは一変して、一面に水が張られていて、向

かい側の山が田に映る。山がないところでは、空が雲が映ることに気づく。風景化が始まっている。

⑤そして、生きものの動きや風などの稲を包む生きもの（有情）を自分も感じようとする。

⑥やがて、完全に我に帰って、ことさらに田んぼを見渡すと、安堵と充実感がわき上がってきて、この風景はいつ見てもいいものだという情感がこみ上げてくる。いわゆる「審美的な態度」が起きている。

⑦しかし、百姓はこの美しい水田を人に語ることはほとんどない。語るとしても、「今年は田植がはかどった」などと仕事で語る場合がほとんどである。

⑧ところが、時として、それを表現するときがある。その時に田植したばかりの田んぼは風景として独立するのである。

田植後の風景が心地いいのは、稲がちゃんと育っているからであり、田植がちゃんと行われたからだ

休憩時間は風景の時間

前に、百姓は一服する時に風景を眺める、と表現した。このことを別の見方で振り返ってみよう。百姓は百姓仕事に没頭することが好きだ。そういう時には、時が流れていることも忘れ、自分がそこにいることも忘れていることが多い。ただ見つめているのは相手の作物や田畑の土である。いや相手ですらないかもしれない。

ところが、ふと仕事の手を休めると、途端にまわりの風景が眼に飛び込んでくる。自分がここにいたのか、もうこれほど仕事が片付いたのか、もうこんな時間なのか、と我にかえる。我にかえらないと風景は眼に映らない。仕事の手を休めるとは、生きものとしての自分を取り戻し、自分の眼で周囲を見回すことである。この段階では、まだ周囲の状態は風景ですらない。「様子」である。これをさらに意識的に行うのが、休憩の時間である。このときに「様子」は「風景」になる。

なぜ「風景」になるかというと、くり返しになるが、（1）風景の中に仕事を発見するからである。最初はそれは出来映えでしかないが、（2）やがて完全に我に帰ると、心地よさや美しさを自覚することがある。（3）しかし、これもしばらくすると忘れしまう「ただの風景」であり、ただの価値にすぎない。また前風景に戻ってしまう。それが風景化されたことすら忘れてしまう。（4）しかし、時としてそれを他人に語ったりすることがある。アンケートに答えたりする。その時にもう一度完全に「風景」になる。それはもう後戻りしない。

しかし、ここで重要なことを確認したい。それは仕事の手を休めて、ふとまわりを見回す時間と、休息の時間こそが百姓にとって「風景の時間」だということだ。このときに風景がなかったら、「様子」だけだったら、百姓は体と心を休めることができない。しかもその風景とは、在所のありふれた風景に限る。珍しい名所旧跡の風景であったなら、身も心もざわめいて、休まらないだろう。そういう意味で、「いくら棚田百選に選ばれたここだって、私たちにとってはただの田んぼだ」というそこの在所の百姓の発言は、あたりまえのことを言っている。

休憩の時間に風景が発見されるという意味は小さくない。私は休憩の時間も立派な仕事の時間としたいのである。

風景の中の百姓仕事

ここで新しい視点に行き着いたことになる。村の風景の中には、その風景を生み出し支えている「百姓仕事」を必ず探し出すことができるということだ。そしてその中に百姓仕事の出来映えを心地よさと美しさとして感じることがある、ということだ。言われてみるとあたりまえのことだが、そういう意識で風景を見る習慣は外に向かっては伝えられていない。

なぜなら、（1）見つけにくい。（2）その必要がなかった。（3）それを表現する機会と場がなかった。これを（1）見つけようと思い、（2）その必要を感じ、（3）自分でそれを表現する機会をつくればいいのだ。

彼岸花にあわせる百姓仕事

今年も彼岸花が全国の田んぼの畦で咲くことだろう。彼岸花と百姓仕事の関係は第1章で語ったので、簡単にふり返って、百姓仕事の性格をおさらいしておこう。彼岸花の花茎が伸びてくる前の九月上旬に畦草刈りが行われると、彼岸花は刈り込まれた畦でひときわ高く見えてきれいに花開く。花が枯れ、葉が出てくる前の一〇月上旬に最後の畦草刈りが行われると、濃緑色の細くて厚く力強い葉が伸びていく。冬の畦で青々としている茂みは彼岸花である。さらにこうした最後の草刈りが、他の様々な春の野の花を育てている。

いつの間にか、畦草刈りという百姓仕事は彼岸花にあわせて、彼岸花を育てるようなリズムになっている。これは、百姓が彼岸花に何らかの思いを持っていなければできないことだ。それは何だろうか。もちろん、当初に自分の田に植えた人間は彼岸花をうまく育つように手入れし、増やそうと思ったに違いない。その思いが伝えられたと見ることもできるが、次第に先祖が植えたということも忘れられ、まるで、昔からそこに自然に生えていたものと思われるようになっていったにもかかわらず、なぜこれほど彼岸花は大切にされたのだろうか。百姓仕事は、知らず知らずに、生きものにあわせてしまう。なぜなら百姓仕事には、生きものへの情愛が不可欠だからだ。いやこういう言い方は間違っている。百姓仕事からは生きものへの情愛がほとばしるから、というべきだろう。

このように百姓仕事は、自然の生きものを選別している。それは必ずしも意識的に行われない場合も多い。これを「自然をつくりかえる」と表現してもいい。そして面白いことに、そのつくりかえた自然の生きものにあわせて、百姓仕事を行うようになる。つくりかえた自然に制約されることを、引き受けるのである。この自然とのやりとりが、近代化された科学では見えない。

百姓仕事の見つけ方

しかし、風景の中にすぐに百姓仕事が見つからないことの方が多いだろう。前述の彼岸花でも、彼岸花の咲き乱れる風景に、すべての百姓が畦草刈りという百姓仕事を意識することはない。まして、百姓でない人にはその仕事はまったく見えないだろう。なぜなら百姓は彼岸花の風景をそのように語ることがなかったからだ。その必要もなかったからだ。

そこで、百姓仕事を見つけるのではなく、まず風景の中の生きものへの百姓の情愛に注目するといい。情愛なら百姓でない人とも共通の土台に立てるかもしれない。それは、風景の中の生きものと百姓の交感の結果である。百姓は否が応でも、生きものに働きかける。そして生きものから返される。それが意識的であるときは、その痕跡はすぐに見つかるだろう。彼岸花以外の、いくつかの例を挙げてみよう。

【ツバメ】

ツバメが田んぼで目立つのは、代かきの時である。「やけにツバメがいっぱい飛んでくるな」と思うだろう。次に「何をしているのだろうか」と気になる。気になるとしばし見つめることになる。

ツバメは代かきの時がかき入れ時なのである。代かきした田んぼでは子守グモが走り回っている。水面で波紋を立てているのでよく見えるのだろう。一直線に水面に降下して、クモを捕まえて飛び去っていく。これを繰り返すから、代かきの時はツバメが田んぼの上をよく飛び交う。これをツバメの飛び交う風景として表現しようとするなら、代かきのことから語り始めなければならなくなる。ここでツバメの飛ぶ風景に代かきが見つかることになる。

【蜘蛛の巣】

クモの巣が一番眼につくのは、朝である。朝露が乾く前である。クモの巣にいっぱい張り付いた朝露はまるで星をちりばめたようで、それが朝日にきらきら輝くと、田んぼ一面が別世界になったような気もする。クモの多い少ないは、なによりクモに影響のある農薬を散布しているかどうかが影響する。しかし、クモに影響がない農薬であっても、害虫を殺す以上は、クモの餌を減少させるのだから、クモを減らすことになる。したがって、クモの巣の多さは、減農薬や有機農業の百姓仕事を表している。ここに百姓仕事は見事に反映されている。

【蛍】

ホタルの幽玄な光の風景にどのような百姓仕事を見つけたらいいのだろうか。源氏ボタルは水がきれいな水路に多い。一方の平家ボタルは水に栄養分がある程度は含まれた水路や田んぼの方がよく育つ。しかし源氏ボタルも、あまりにも水がきれいな川では出現しない。エサとなる川ニナなどの貝のエサがあまりにもきれいな川では生息できないからだ。それでは、川の貝たちのエサとなる栄養分はどこから補給されていたのだろうか。田んぼや、人家の排水からである。また田んぼの養分そのものが、平家ボタルのエサである田んぼの中の姫モノアラ貝を育てた。たしかに平家ボタルは冬になっても水が乾かない湿田に多かった。それはとりもなおさず、そうした耕しにくい湿田を耕し、田植をし続けてきた百姓仕事に依存しているとも言える。このように夏を告げるホタルの光の風景にも百姓仕事は簡単に見つけることができる。

　このように現前の「風景」が現れた原因を百姓仕事に求めることは難しくない。風景にはそれを

稲刈後の田んぼ一面に張ったクモの巣が夕日に輝くと、田んぼから押し寄せてくる安堵感はいよいよ深まる

作り出した百姓仕事がある、と考えればいいだけの話だ。しかし、それは百姓だから簡単なのであって、都会人には、旅行者には相当に難しいことかもしれない。

百姓仕事の成果を風景として見る

しかし、生きものへの情愛が見つからないときには、どうしたら百姓仕事を見つけることができるのだろうか。

反対に百姓仕事の方から見つけるのである。すべての百姓仕事は自然への働きかけである。その結果自然の様子が変化する。その様子を「風景」として見ればいい。これもいくつかの例を挙げて説明しよう。

【畦草刈り】

百姓にとって、畦草刈りしたあとの畦は、すっきりしてすがすがしい。それは、歩きやすくなったという実利もあるし、畦の草と折り合ったという言い方もできるだろうが、手入れをするという仕事の充実を感じるからだ。自然の生きものとうまくつきあった実感が安堵の気持ちをもたらす。そのうまくつきあった様子が風景として、すがすがしく感じられる。この充実は、除草剤散布技術にはない。畦草がきれいに刈られた風景（その代表が棚田の風景だ）は、日本人の自然とのつきあいが百姓仕事によって行われ、美しく輝くという見事な象徴だろう。

田植のおわった水面が映しだす山の風景

【代かき】

代かきほど、村の景観を一変させる百姓仕事は他にはないだろう。なにより、村中が水浸しになり、まるで湖が広がり、家々は水に浮いたように見える。そして、その水に向こうの山や屋敷や田畑が映るのだ。山が映れば、まるで山が足元まで寄ってきたように見える。こうして田んぼという水鏡が村の景観を劇的に変えてしまう。

代かきが田んぼを水鏡にしてしまう。代かきによって、旅行者は当然のことながら、百姓だけでなく、在所の人間は誰でも、水の溜まった田んぼに何らかの感慨を抱く。これは「風景化」の扉が、少し開いて、誘っている感じではないだろうか。

【田植】

その水鏡が、稲の苗が植えられることによって、日々変化していく。そのことは、その田の百姓なら子どもが育っていくような感慨を抱くのだが、そうでない在所の人間にとっても、その変化する風景に否が応でも眼を惹きつけられてしまう。「夏が来た」「稲がぐんぐん大きくなっている」などと感じても、それを風景として語ることはない。そこで思い切って語るのである。「田植するから、蛙の大合唱が今年もはじまったね」（音の風景）「田植した田んぼが多いから、お日様が反射して、村全体が明るいね」（光の風景）「いっぺんに、田んぼから吹く風が涼しくなったね」（風の風景）「田植したら、いい香りがするようになるね」（香りの風景）というように、百姓仕事を風景で表現するといい。

【田まわり】

田まわりは、他の百姓仕事とかなり異なるところがある。それは直接作物に働きかける仕事ではなく、見つめる、判断する、手入れを決断する仕事だ。観察やマネジメントに近い。この仕事の特異性を説明する前に、田まわりも自然に刻印を残す。毎日一回でも百姓が歩く畦には、歩いた跡の草の丈が短くなり、一本の道ができる。それればかりではない。百姓が歩く部分の草は踏まれ強いチカラシバなどの草が生き残り、はびこる。そして百姓の靴にくっついて運ばれた種からオオバコなどが増える。百姓の足跡は、景観を変える。このことを百姓は知っている。毎日歩くから、畦は歩きやすく、そういう畦の様子を好ましいとほんとうは思っている。これも「風景化」の一歩になる。

その田の持ち主の百姓がよく見回っているかどうか、畦の様子を見るとすぐわかる。歩いた後が、歴然と残されているからである。しかし、それは様子であってまだ風景ではない。その様子を好ましい、うらやましいと思ったときに、風景化が始まる。

さらに、田まわりは、風景化するための仕事そのものになりうる。これは前に述べた「休憩時間」に似ているような気がする。仕事の手を休めて見つめる時に、景色が風景になることが多いように、田まわりの最中に、「風景」が見えるときがある。風景化が始まるときがある。それは、百姓はまず、田んぼ全体を見渡して、田んぼの雰囲気が変わりないことを感じるからだ。異変があってはならないが、それはまず何かを感じることでつかむ。それは「風景化」の一歩手前ではないだろうか。

私はこの「田まわり」の仕事の時間が減っていることが、百姓がただの風景を「風景化」していく際の最大の障害になると思う。


【草とり】

田植後の田んぼに百姓が入る仕事と言えば、植継ぎ、草とり、肥料ふり、が代表的なものだろう。とくに除草剤が普及する前は、草とりをする百姓の姿は普通に見られた。草とりに限らず、田の中で百姓仕事をしている百姓には、赤トンボが集まってくる。それが百姓を迎えに来た子には、まるで赤トンボと一緒に仕事をしているように見える。そういう気持ちになったときに、娘は父母のいる田んぼを風景化することになる。

草とりは、草たちと交感する大切な仕事である。草を殺しているという感じで行うのではない。「稲と仲良くしておくれ。稲が大きく育つまで、しばらくおとなしくしておくれ」というような気持ちで除草機を押したりする。草を完全に駆除できるはずがない。その証拠にとってもとっても毎年草は生えてきた。

このように、トンボが飛んでいれば、そのトンボを育てた百姓仕事とはなんだろうか、と考えればいい。生きものは百姓仕事を発見するための最大の使者である。また、たとえば代かきをするから、メダカが水路からさかのぼって産卵するのだから、すべての百姓仕事についてその影響を受ける生きものをリストアップすれば、その生きものの風景の根拠が明らかになる。同時に百姓仕事が変化させた自然の様子を風景として、意識すれば風景が発見できる。

生きものの様子と生きものの風景

赤トンボが飛んでいるとする。それは赤トンボの様子なのだろうか。それとも赤トンボの風景なのだろうか。西日本の田んぼで生まれる赤トンボの九〇パーセント以上は精霊トンボ（薄羽黄トンボ・ウスバキトンボ）だが、この赤トンボを例にとって説明しよう。普通はゆっくり水平に移動しながら飛ぶこのトンボも、ユスリカの蚊柱が立っているときは、狂ったように乱雑に飛び回ってユスリカを食べている。

その様子を私は眺めている。「ああ、ああいうふうに飛ぶときはユスリカを食べるときなんだな」と観察しているときは、風景ではない。ふと、赤トンボに見とれている自分から我にかえってみると、無数の赤トンボが夕空に乱舞しているのが見える。このときに赤トンボの様子は、赤トンボの風景になる。まして「今年もいっぱい生まれたなあ」と感慨がこみ上げてくると、仕事との関係の発見に近づいている。

生きものだけに着目して、観察しているときは、生きものの様子はあっても、風景は存在しない。

ところが、生きものだけに注がれていた視線が、そのまわりの世界に広がると一挙に風景が登場する。言い換えるなら、生きものに没入していたときは、風景は現れない。生きものと自分とが分離されたときに、つまり我にかえったときに、風景世界が立ち現れてくる。これは、前に紹介した休憩の時間に風景が発見されることと同じ構造であろう。さらに思い出すときがあれば、何よりも風景としてよみがえることが多い。風景は記憶の中に保存しやすいからだ。

生きものだけが大切なのではなく、生きものへのまなざしこそが大切なのだ

「生物多様性」という言葉が、少しずつ日本でも浸透してきた。生きものへのまなざしが衰えてきたことに対する、科学の側からの、近代化精神の側からの反省として、私は歓迎している。ところが、これを科学的に生きものそのものの問題だと限定して、遺伝子レベルの危機、種の危機、生態系の危機として整理し、遺伝子と種と生態系さえ保全できればいいとする考え方が、少なくとも表現の上では主流である。

しかし、いくらこれらの危機が進行していても、「ええっ、最近は秋アカネが激減しているって、ほんとうですか」というようなことが百姓も含めて、普通の日本人の実態だろう。「赤トンボが飛んでいる」という子どもの言葉は、赤トンボを指しているのではない。赤トンボに心を向けているその子どものまなざしでとらえられた、その子どもの世界・宇宙を指しているのである。つまり「生物多様性」を外側から客観的に分析して、生きもののことだけに眼を向けるのではなく、私た

ちの内からの「まなざし」のありように、関心を向けてほしいのだ。

赤トンボだけが大切なのではなく、赤トンボ群れ飛ぶ風景に赤トンボと人間の関係を感じる感性とまなざしこそが重要なのである。赤トンボの危機は、赤トンボへのまなざしの衰退から招来されたものだ。生物多様性が生きものとしての「赤トンボ」だけに眼を向けるのなら、いくら赤トンボが群れ飛ぶ景観がよみがえったとしても、赤トンボの風景は滅んでいくだろう。

風景化の土台としての情愛

なぜ百姓は風景の中に百姓仕事を見つけ、それを語ることで「風景化」を果たすことができるのだろうか。百姓は百姓仕事を見つけることによって、安心するのである。あるいはもっと仕事をしなければならないと自覚するのである。その気持ちがあればこそ、その世界の中に自分の位置を確保できるのだ。自分自身が作物や生きものと一緒にいることが嬉しいのである。それは百姓仕事への情愛であり、百姓仕事が生み出すものへの情愛である。この情愛を土台にして、美しさを感じる感性が自身の中に花開き、仕事の手を休めたときに、美しい風景を感じる瞬間が訪れるのである。

したがって、仕事が見えない他所の風景は、情愛が薄くなる。美を感じないことはないが、名所旧跡の風景美に近づいてしまう。「ただの風景」は発見できない。ただし、百姓が旅行者となった時には、眼に入ってくるものをすぐに風景化できる。それは、自分の仕事ではないから、仕事のことを通り過ごして、すぐに身体に蓄積している「情愛」を動員できるからである。

車窓から畑で働いている百姓が見えたとしよう。何をしているのだろうかと思い、自分を重ね合わせるが、すぐに風景化にとりかかることができる。「よくできた稲だ」という印象からすぐに「このあたりの田んぼは稲がよくできている」と観察が広がり、「気持ちがいい眺めだ」とすぐに田んぼから身を引き離して、風景化に入ることができる。在所の場合は、この身を引き離すことが最後までできにくい、しかし、それができるのが手を休めて、改めて周囲の世界を眺めるときである。そこにやっと風景が顔をのぞかせている。それを傍らにいる家族に語るなら、その風景は定着するが、語らなければ、すぐに忘れられていく。

風景を語るきっかけ

もう一度、まえがきの場面を思い出してほしい。ドイツの国民が「あの村の美しい風景を守るために、私たちはあの村のリンゴジュースを買って飲むのです」と語るときに、風景と一緒の百姓仕事が発見されていることにもう一度注目してほしい。リンゴジュースを買わないと、リンゴ農家が潰れてしまう。リンゴ農家が潰れると、リンゴの木を育てる百姓仕事が行われなくなって、リンゴ園の風景も荒れてしまう。このことに、しばしばその村を訪れる周辺の町の人たちは気付いている。

このことは百姓にとっては自明なことだが、日本ではリンゴジュースと百姓仕事との関係は「風景」で表されることはない。ここには「風景」の発見と「百姓仕事」の両方の発見があると言っていい。風景の中に、百姓仕事を発見することと、百姓仕事が風景を支えているのを発見することは、同じことなのである。これを方法化し、理論化すればいいことになる。このように語る習慣と契機が日本ではまだ弱い。小田原のメダカ米の消費者が「メダカの小川を守るためにメダカ米を買って食べる」だけでなく、メダカの泳ぐ小川と田んぼを見に行ったときに、自分の食べているごはんができている田んぼの風景がメダカとともに見えてきている。そこに行かなければ、「メダカ米」は単なるブランドの一つである。メダカは連想できるだろうが、メダカが泳ぐ風景は自分の身体の中に描けないし、思い出すこともない。棚田保存運動のすごさは、そこを見に行きたいと思わせたことである。棚田の風景を見ることが、必然的にその美しい棚田を支えている営み、百姓仕事への思いを共有させてしまう。それは百姓仕事の底力だろう。百姓仕事が生み出す食べものへの共感だけではなく、風景のよさへの共感が得られるということはすごいことではないだろうか。

ところがこのような正面からの迫り方に対して、もう一つの悲しい突破口が見えてきたのである。

もう一つの風景の発見――押し寄せてくる異形の自然

破壊されてはじめて意識する風景と百姓仕事

否が応でも、「風景」を発見してしまう時がある。それまで見慣れていた在所に荒れた場所を見つけたときだ。それはまず嫌な風景として認識される。なぜなら風景が世界認識の表れだからだ。

アンケート結果の紹介

【「風景」が荒れてきたと感じるのは、どんなところですか?】(設問No.3)というアンケート調査に対する百姓の回答である。

回答に私が、A、B、Cという記号をつけてみた。Aは直接に百姓仕事や百姓ぐらしの後退や崩壊に起因する現象、Bは間接的に百姓仕事や百姓ぐらしの影響であることが意識されていること、Cは外部からもたらされた変化や破壊、に区別してみた。Cには、百姓だけでは対抗できない。

【田んぼ】

A:生きものの減少

A:草の茂っている田んぼ

A:耕作放棄された田畑に草が生い茂っている様子(これは圧倒的に多い)

A:田んぼのススキや背高泡立ち草

A:田んぼを走り回っている大型機械

A:家族総出の稲刈りの田んぼの隣へ、大型コンバインが轟音をたてて乗り入れる

A:稲刈りが雑に行われている

A:手入れされない杉、檜が植えられた棚田

A:大豆畑なのに、大豆より背が高い雑草に覆われているところ

B:減反田

B:田んぼに百姓が見あたらない

B:猿、イノシシよけの電気柵に囲まれた田んぼ(やや多い)

B:農閑期の田んぼに、水がなくなってきたこと

B:平日30ヘクタール見渡しても、作業しているのが自分だけであったときの孤独感

B:田んぼのまわりにススキが茂っている

B:現代農業に必要な道路がないために、田んぼが荒れている

B:コスモスやひまわりが咲く休耕田

B:減反で飼料作物を植えたもののほったらかしになっている畑

B:田の中に家が建つこと

C：棚田が地滑りしている

C：田んぼへのゴミの投棄

C：圃場整備、個性のない田んぼ、大区画の田んぼ

C：田んぼの中の木立が圃場整備でなくなった

C：道路が優先され田畑が潰されている

C：どんどん宅地や工場に変わっていくこと

C：水田地帯のど真ん中をのうのうと通ってしまった送電線と鉄塔、バイパス

【畦】

A：畦草が除草剤散布で赤茶けている様子（これは多い）

A：草が伸び放題の畦や土手（これも多い）

A：ビニールの畦シート

A：コンクリートの畦

B：道ばたに咲く背高泡立草

B：鹿に土手の草が食われて花が見れないこと

C：圃場整備ではざ木がなくなった

C：圃場整備で彼岸花がなくなった

C：画一的な圃場整備（多い）

【水路・ため池】

B：浚渫されないため池

B：繁茂した水路の雑草

B：川土手の草が刈られていないとき

C：ため池が不要なものとして埋め立てられて、宅地などに変わっていく時

C：クリークの水の色

C：溝が汚れている。掃除されていない

C：コンクリート三面張りの水路やカミソリ川が増えた（やや多い）

C：コンクリート堰

C：川の護岸工事・土手の竹藪がなくなる

C：堀の岸の木がまったくなくなった基盤整備田

C：川の水量が減ってきた

C：川原が汚い

【畑】

A：放棄されたビニールハウス

A：ビニールマルチ栽培

A：農業資材が放置されている

B：トタンで囲った農地

B：施設栽培農業が増えた

【山】

A：枝打ち、間伐されていない山(多い)

A：山林に人が入らずに、山が歩けなくなった

A：山の柿がとられることもなく、たわわに実りそのまま腐っていく様

A：山に行っても人がいないこと

B：増加する竹林（これは多い）

B：クズが巻きついた林

B：山が藪になってきた

B：かつては薪炭材であった雑木が繁茂している

B：伐られたままの山

B：薪炭林が更新されず、地滑りの原因になる

B：鹿に下草が食い尽くされた山の中

B：林道の草刈りが遅れに遅れて、伸びてしまった時

B：昔は田んぼだったんだろう山の斜面

C：崩壊の放置

C：山沿いの道の両側にゴミの散乱

C：山が削られ、土が見えている

C：台風で荒れた里山の復旧が出来ていない

C：産廃が棄てられている

C：山に古い車や粗大ゴミが捨てられているところ

【村】

A：完全武装でスピードスプレヤーによる農薬散布をしている風景

A：鉄パイプなどの資材で乱雑につくった農業施設

A：農機具が放置されている

A：働く人影が見えなくなった。昼間、村に人がいない

A：機械化が進むと人間は楽なことしか考えないので

A：車で通れないぐらいに伸びた農道の草

B：農道が必要以上にアスファルト舗装されて、草道が少なくなった
B：熊やカモシカの親子が農道を歩いている時
B：廃屋　苦労することが嫌になり働かなくなります
B：子どもの手伝える仕事がないこと
B：子どもたちの遊ぶ姿がない
B：農家の庭にも草が繁茂した家が見受けられる
B：ツバメが少なくなったこと
C：神社林の林内が庭に近づきつつある
C：野山に捨てられた廃車や農機具
C：看板の多さ
C：現代風の住宅が農村に建つ
C：モザイク状に宅地や商用地が入り込んでしまった農地
C：村の風景にそぐわない7階もの高いマンションが建てられたこと
C：コンビニの登場
C：ケイタイの基地がどんと建つ

荒れていく風景

私の村でも、畦に除草剤を散布する百姓が、毎年少しずつ増えている。哀しい風景だ。この事態に歯止めをかけるのは難しい。除草剤を散布せざるをえない構造を変えなければ、除草剤や除草剤を散布する稲作技術を批判しても、問題は解決しない。除草剤散布によって破壊されていく「生態系」の内実を明らかにすることで、少しは歯止めをかけたいと考えて来たが、こうした運動も「風景」までは手が届かないでいる。

皮肉なものだと思う。ありふれたただの風景が壊れ始めたときに、そこに住んでいる人間は、はじめて「風景」を意識する。だからこそ、それまで意識することもなかった「風景」を意識する

「風景化」によって、農のありふれたただの風景を守ることを目指したいものだ。壊れてからではなく、壊れる前に、風景を風景化して価値づけたいと思うからだ。ところが、ただの風景が破壊されるときに「風景化」が始まるとは、辛いことだ。百姓仕事が行われた跡を見つけるのではなく、百姓仕事が行われていない形跡を見つける「風景化」はたしかに好ましくはないが、直視するしかない。

破壊されて初めて表現する風景

荒れている風景は、荒れる前の風景を表現しなければ、荒れていることを説明できない。「竹林が山林や畑まで侵入してきて荒れてきた」という表現は、竹林が侵入していなかった頃の風景の好ましさに比べて、竹林の広がりが醜いと感じているのである。なぜそう感

荒れた休耕田（向こうに広がる葦原は田んぼだった）

じるのだろうか。百姓でない旅行者の眼には、どちらも緑に、自然に見えるだろう。しかし、百姓には竹林がはびこることは、無惨な印象が強い。その理由は明らかだ。百姓の手入れが行き届いていない、手入れがなされていないからだ。それは、自身を含めて、百姓の力が衰えていることの現れだからである。（すべてが百姓の責任ではない、ことは付け加えておきたい）

それにしてもありふれた「ただの風景」が維持できているときは、風景化されることがないのに、それが壊れてくると一挙に風景化されるのはどうしてだろうか。百姓が百姓仕事と百姓ぐらしを通して身につけた最大のまなざしは、「くりかえすが、変化しない」自然がもっとも安堵し、安心できる、ということだったからだ。その自然が変化し始めたということは、悪くなっていくということに他ならない。変化がよい方向に進むことはほとんどない。なぜなら変化しないのがよいことだからだ。その変化を食い止めたいという気持ちが在所の百姓ならあるものだ。したがって、ありふれた変化のない「ただの風景」は語られることもないが、荒れた自然の様子＝荒れた里の風景はすぐに語られる。すぐに表現しないと、手遅れになるからだ。このように、荒れた自然の風景化は簡単に行われる。

それにしても、なぜ百姓は見苦しくなることはわかっているのに、手入れを放棄するのだろうか。都会人には想像できないかもしれない。手入れを続けたいのに、それを放棄するようにささやく時代精神に圧倒されていくのだ。

心の傷の向け方

福岡県旧星野村に棚田百選に選ばれた地区がある。じつに石垣が何重にも積み重なった美しい風景である。その棚田の上の山に送電線の鉄塔が立っていた。「あれはどうにかならないのか」と私も思った。さすがに先日行ってみたら、鉄塔は移されていた。また崩れた部分をコンクリートブロックで補修してあった部分も、元の石積みに復元されていた。このことを非難する気持ちは私にはない。

むしろこれは景観保存の現代的なルールになろうとしている。歴史景観保全のために、電柱が地下に埋められた町並みは珍しくなくなってきた。棚田もその延長だと言えよう。しかし、農村の風景に関しては、ことはそれほど簡単ではないような気がする。石垣の棚田が崩れる。コンクリートで補修した方が簡単だろうし、経費も安くつくだろう。ところが私たちはその部分を風景の「破壊」だと感じる。それはどうしてだろうか。百姓仕事が風景の形成を目的としては行われていない、という言い分に従うなら、棚田の畦が崩れないなら、コンクリートであろうと石積みであろうと、問題にする必要はない。

またこれは棚田に限ったことではない。狭く複雑な形をしていた田んぼが圃場整備によって、整然とした長方形の区画に整備される。用水路は三面張りのコンクリートで、排水路は二面張りのコンクリートで固められている。「あの風景は失われた」と多くの人が思うだろう。さらに農道の舗装や、ガードレールや、新築の家の新建材の壁や屋根なども、伝統的な風景の破壊だと感じるだろう。もっと言えば屋根の上のテレビアンテナや携帯電話の電波中継塔も風景の破壊だろう。

それは、近代化は、目的の達成しか考えないからである。その影響が風景にどう及ぶかなど、考えもしないからである。私たちにこのことを非難する資格はない。しかし、違和感を感じるのも事実である。私は、ここに新しい「近代化批判」の思想の根拠を見いだしたいのだ。近代化は、目的としたカネになることだけを手に入れるために、他のカネにならないものを平気で破壊して、顧みることがない。この体質はなぜ生じたのだろうか。

事業や労働が人間中心に、しかも経済行為として実施されるからであり、百姓仕事のように自然のめぐみを引き出す姿勢がないからである。自然全体をつかもうとする姿勢がないからである。一部の改変が全体へ波及することへの心配がないからである。目的としていないものへの影響が生じることへのまなざしが欠如しているからである。

近代化思想と近代化技術は、未だに度し難いものである。そのことにすら、気づこうとしない性向を人間にもたらした。

そこで、私は「風景」を素材にそれを見つめる契機を提供できないかと思う。伝統的な石積みの棚田の一部が崩れた。そこをコンクリートで補修した。その部分を棚田百選の地区であればこそ、あえて残してみてはどうか。たぶん私たちはその部分を見たくない、と思うだろう。その部分を避けて、写真を撮ろうとするだろう。なぜなら、その部分こそ近代化精神を体現しているからだ。自分の中の近代化精神が投影されているからだ。それを直視する絶好の機会ではないか。

「そんなものイヤと言うほど見せつけられている。せめて棚田百選に選ばれた観光地ではそんなもの見たくない」と誰でも言うだろう。しかし、そうやって近代化による破壊が今後も続くのである。なぜならその醜さに眼を向けまいとする卑怯が横行しているからだ。棚田地区だけで、石積みの仕事や技術を保存すればいいのだろうか。私は、棚田地区から、近代化批判のための思想を広げてほしいのである。あえて、一部でいいから目立つように近代化技術の傷を残すのである。棚田を訪れた人々の中の近代化の醜い部分を鏡のように映して見せるのである。棚田の中のコンクリート部分は、見事な鏡になる。

私は棚田を単なる観光地にしたくない。景観保全地区になっても、思想的な工夫をしてみたいと思う。

危機をバネにする危うさ

危機感をあおることによって、それを守ろうとする運動論は、いつも危ない橋を渡ることになる。なぜなら、その危機とは強い方が訴える力を持つからだ。そうすると、危機感が弱いものは、後回しになる。ここに一つの傲慢が芽生えてくる。特別な価値への転換である。危機に瀕している程度が強いものこそ守る価値が高いというランク付けが始まる。そのこと自体は方便として認めなければならないだろう。ところが、このことが危機ではないものへの、軽視を招くことになる。とくに、そのものだけを守ればいい、その場所だけを守ればいい、という気分が起きやすくなる。それは、ある種の退廃だ。

棚田を守る運動にも、それは生まれつつある。棚田百選に選ばれたところだけを守ればいい、と考える人もいる。この方が守りやすいからだ。これは、生産性向上主義者にも好評だ。なぜなら、生産性の悪い棚田は「文化財」として保全し、そうでない平坦地はさらに生産性を追求して、国際競争力をつけさせる、という論理になるからだ。

これは「絶滅危惧種」についても言える。絶滅危惧種がいる地帯は、その保全を義務づけて、特別に支援するが、そうではないところは、生きもののことはかまわずにもっと、低コスト路線を歩ませる、という主張と同根である。さらにたちが悪くなると、絶滅危惧種だけを守ればいい、ただの生きものはどうでもいい、とまで思うようになる。

じつは、この手法はこれまでも繰り返し繰り返し使われた姑息な常套手段なのだ。近年でも次のような主張の論者は後を絶たない。「生産性の低い小さな農家を温存するから、本来国際競争力が育つはずの有能な大きな農家が育たない」。こうした思想こそが、近代化思想の典型であろう。一つの時代の価値を高く掲げて、他の価値を切り捨てるのだ。しかもいつも切り捨てられるのは、価値にもならないような価値である。ただの生きもの、ただの風景、ささやかな生き甲斐、ありふれた仕事、あたりまえの生き方などは、だんだん見えなくなる。近代的な価値ではないものは、だんだん見えなくなる。

ふたたび百姓が仕事の合間には風景を眺めるわけ

自然の発見

二〇〇一年に出版した『「百姓仕事」が自然をつくる』（築地書館）で、私は赤トンボが田んぼで生まれていることを、当の百姓が知らないという事実を紹介した。あたりまえの身近な自然は、まだまだ発見されていないことを証明するためにこの事実を利用した。そのように自然とは、外部から分析し、説明する対象ではなく、ただ身を任せて、没入するものだという伝統が続いていることを紹介した。見てはいても、あたりまえのことで、意識することもない。赤トンボのことは驚くほど多彩に表現はしても、それが田んぼで生まれるということの意味を考える必要は全くなく、そのことを表現する価値もなかったのである。

それを一変させたのは、そのことに意味を見出す私のような現代人が出現したからである。もちろん日本では自然はとっくに明治初期に見出されていたが、それも西洋からもたらされた方法と思想によるしかなかったことは前に述べた。それが田んぼの赤トンボに及ぶには、さらに一五〇年も経たなければならなかったのである。

同じようなことが「風景」についても言えるのではないだろうか。

情愛の中に身を委ねる

次のアンケートには「ただの風景」の価値が、人には語らない価値が、社会的には認められていない価値が網羅されている。こうした「ただの価値」を守っていく思想を農政や農学はつくろうともしなかった。私はこうした「ただの百姓」の「ただの日常」の中で感じる「ただの価値」こそが、その人の人生にとっては当然のことながら、社会的にも大切なんだと思う。

アンケート結果の紹介

本章58ページの設問【あなたが百姓仕事の合間（休憩時間）に、風景を眺めるのはどうしてですか？】（設問No.5）という問いに、次の設問はかぶるようだが、ほとんどの人が異なる回答を寄せている。より風景化が深まって来ているのであろう。【　】内は私が後から分類したもの。（　）内は私のコメント。

【ありふれた風景なのに、心地よいのは、安堵するのは、癒されるのは、なぜだと思いますか？】（設問No.9）

【自分の境地】

：わからない

：年をとったから、多くを望まず諦めの境地に達したから

：たぶん私が荒れる前の農村風景を知っているからだと思います。それに人工物が嫌いだから。だから、近代化されていない東南アジアの農村風景が好きです

：自分・百姓が自然の一部だと感じるから

：昔から営まれてきた農の作業に対する一体感・先祖との一体感

：自分も年をとり、仕事に対して見方が変わってきた。雑草のように生きたいと思う

：無事でいられる実感

：その風景の中に自分の居場所があるから

：地に足のついた身体と心が通いあった状態

：特別でなく、ありふれているので、安心できるのではないでしょうか

：まわりにつながる人々との共有感

：向こうから迫ってこない。ただそこにある。気づいたときはすでに自分も包まれて一体となっている

：気をつかうことなく、家族で一緒にいる感じ

:現代の企業のように常に「変化」を求めて動き続ける対極にあるのが、地方のありふれた風景のように思えます。だからこそ、人の心に心地よく癒されるのだと思います :のんびり、ゆっくり流れるように感じるから :時間の流れにせかされない、追われない :たとえて言えば、ハレの食事とケの質素な食事。ありふれた農の風景は毎日の質素な和食のようなもので、心身を安定させるのではないか :農村で育ったから **【自然・生きもの】** :自然に溶けこんで一体になれる(やや多い) :百姓の仕事と自然が長い時間をかけて生み出されてきたものだから :空気がきれい。風の音、水の音、鳥の声が聞こえる。四季の生き物がいる	:人工物がないこと :ありふれた風景の中に生きものがいるため :そこにたくさんの生き物の姿があるから :生きている植物や動物を確認できる :緑の中、緑に囲まれているから :緑は眼に優しい :ありふれた風景だからこそ、そういうものを感じる。人間はやはり自然からしかそういう感覚を得られない :生命にあふれている :人間も生き物なので、自然の大きな力、時の流れに包まれると、生き物としての本来の状態に戻れて安心するのだと思う :いのちの循環が存在する :生命を育む自然とのふれあい :人間本来の自然に帰りたい、緑あふれる処に戻りたいという思いがあるから :広い空間の中で、風を感じ、鳥の姿や鳴き声、水路の流れの水音、ざわざわと稲の葉のこすれる音な

ど、年を重ねると若いときには感じられなかったことが、心地よいと思うようになった
：安定した生命のリズムに囲まれているという安心感
：自然の力の大きさ、変わらない姿に安らぐ
：落ち着いた風景で、自然に育まれていると思える
：人間だけでなく、動物、植物、風などいろんなものによって成り立っているから
：自然の音は心地よいと感じる

【思い出・歴史】
：いつも見慣れていて、安心できる（やや多い）
：ふるさとを感じる。なつかしさ
：生まれ育った所で、何十年経っても風景がほとんど変わらないのを毎日見られると、今日も生きている、ありがたいと思う
：子どもの頃身についた原体験を思い出させる風景に出会うため
：ありふれたというより、馴染んだということではないか。馴れない風景では落ち着かない。共有時間の長短の問題。老人が一人で山に入っていくのは、都会人には信じられないそうです
：昔からの原風景であるから
：昔からの風景で、意識しなくても育ってきたその風景と一体感がある
：日本人が先祖代々、培い、見慣れた風景だから？
：日本人の原風景と言えるような風景には、「ずっと変わらず、安定している」という暗黙の了解が日本人の感性の中にあるのではないか
：幼い頃から、その風景を見てきたから
：本来人は人の日々の営みの中で生み出された原風景に「ふるさと」をイメージでき、安らぎを感じる日本人独特の感性が遺伝子に組み込まれているのだと思う
：せかさず、ゆったりした時間を過ごせる気がする
：ありふれたところに安心感があり、心おだやかでいられる

：小さい頃から慣れ親しんできたから
：先祖伝来の土地を耕すことによって、今まで生きてきた過去を思い出す
：そこにいつも変わらないあたりまえがあるから
：昔からそこにあり、今後もあり続けるだろう安定感、安心感を感じるから
：いつも変わらずにあるから。父や母との思い出がつまっている
：実家は農家ではなかったけど、小中学校へは田んぼの広がるところを毎日通ったので、それが自分の中の原風景となっているような気がします
：詩になるから

【百姓仕事】
：人の手が加わっている自然だから、人がなじめる（やや多い）
：強くきびしい自然の力を、少し人の手入れによって、住みやすいように和らげているのかも
：毎年同じことのくり返しでも、今年も好きな農作業をしているから
：自分がした百姓仕事が風景の中に溶けこみ、自分と一体となっていると感じられるから。
：田畑には、人の仕事のあとが残っているから
：稲や作物が今年も立派に育ってくれる
：自分が農耕民族だから！
：やっぱり主食のコメのとれる場所だからじゃないでしょうか
：草花、虫、鳥、風、日射し、田、地形などと百姓が一体になっている
：様々な圧力（身内からも外からも）から、解き放たれたと感じる
：本来の「私」がみえる
：どんなことも受け入れられる、と思ったりする
：掃除した部屋と同じで、人がちゃんと手を加えていて、そういう仕事が透けて見えている

百姓仕事の美しさ

この章の最後に「ただの風景」を在所の百姓がどうして発見する（風景化する）ことができるかをまとめてみる。

作物の育ち

百姓は農村の風景に美しさを感じることがあるのだろうか。もちろんあるだろうが、百姓をしていない人とはかなり違う。何よりもまず「美しい作物」が風景の中心にある。もちろん作物の美はない。百姓はまず「しげしげと」作物をわが子を見るように見る。この場合の見るは、眺めるのではない。わが子を見るように、情愛を込めて、作物が「すこやか」であるかどうかを、すこやかであってほしいとねがいを込めて見る。この段階は風景でも美でもない。この「すこやか」であるということは、順調に育っているだけでなく、「くり返している」かどうかでもある。ここが子育てとは違ってくる。季節の移ろいにそって、毎年同じような育ちをくりかえしているかどうか、を確かめる。これは「生きもの」の生のくり返しに共通した思いである。そこでほっと安堵する。そのあとに、仕事の手を休めたときに「あらためて」見るときに、はじめて美しい作物が立ち現れる。その後に作物の美が登場できるかどうか。

稲で説明しよう。田に行くとする。もちろんまず稲（作物）を見る。全体の雰囲気はどうか。葉の色はどうか、肥料が足りないことはないか、葉の長さは伸びすぎていないか、茎の分けつは順調に増えているか、害虫や病気は出ていないか、などを一瞬のうちにつかむ。もし何か異常があれば、心配になり、何か手当（手入れ）できないか、と思案し、風景としてとらえることはない。逆に、稲と田んぼが「すこやか」であれば安堵する。そしていつもの年と比べて急いでいないか、遅れていないかと「くり返し」のリズムの順調さを確認する。ここまでは「様子」のことである。その後に「あらためて」田んぼ全体を眺める時間を持つことができれば、風景が立ち現れてくる。稲の葉や穂が心地よく、うれしく感じる。葉先に宿る露のきらめきにしばし見とれる。その上を渡る風の姿が喜ばしく、「何度見ても、いいものだ」と感じる。たしかにここには「美しい田んぼ」や「美しい稲」や「美しい風」はあるが、田の美、稲の美、風の美はない。しかし、これはすでに「風景化」の入り口に足を踏み入れているのである。

　ここから、もう二、三歩足をすすめて、本格的な風景化ができるかどうか。その必要があるかどうか、が今問われているのである。たしかに「すこやかな稲」は雄弁に多彩に表現されてきたが、「美しい稲」はほとんど語られることはなかった。しかし、感じられてきたのだ。それを「美」として表現する必要と要請がなかっただけだ。

　じつは、田んぼに行った百姓は、稲（作物）だけを見ているのではない。田の中の水も畦も水路もお天道様も天気も風も、周囲の田畑も見ているのだ。狭い世界ではあるが、その田の世界全体を見ているのだ。そして何よりも、稲以外の生きものも否が応でも眼にとまるのである。

生きものの生

百姓は作物を見るときと、作物以外の「生きもの」を眺めるときとでは、視線にちがいがある。生きものにはすこやかであることよりも「くり返し」をみる。ほんとうは、百姓仕事の影響で育っているのだけれども、百姓はそのことを意識することがないから、作物と違ってわが子のように見る気持ちは薄い。しかし、いつも自分の田にいる生きものは、まるで同伴者のような気持ちでいる。その同伴者がいつもの場所にいつものようにいないと、少し不安になるのだ。このいつもと同じような「くり返し」が百姓を安心させる。

じつは百姓も作物と同じように「しげしげ」と「あらためて」生きものを見つめるときがある。その時はまさに美しい生きものを感じることも多い。羽化したばかりのトンボや子グモを背負った子守グモや畦で産卵するセリを探して飛び回る黄

畦の黄アゲハの幼虫。セリの葉が大好物だ

アゲハなどに、見とれるひとときもある。しかし、生きものだけを見つめている時は、それは稲と同じように美しい生きものではあっても、美しい風景ではない。その生きものが風景の中に位置づけられるためには、場と背景が必要だ。つまり、そこの世界全体へのまなざしが不可欠だ。赤トンボだけを見つめて、赤トンボと自分の関係に没入しているひとときから醒めて、その背景まで視野を戻していくと、赤トンボもそこの世界の一員になり、「あらためて」赤トンボのいる世界が、稲や水や日差しとともに見えてくる。美しい赤トンボから、気持ちがいい田んぼの赤トンボになる。これも「風景化」に一歩を踏み入れている。

さて、さらに「風景化」の数歩を進めるためには、稲を語るよりも容易な気がする。稲は「すこやかさ」だけが作物語りとして、語られてきたから、とくに戦後は科学によって客観的に表現する習慣が浸透してきたから、それにとらわれてしまう。やれ分けつが多い、葉が伸びすぎている、葉色が濃い、などとかまびすしい。一方の生きものたちは、そうした農業技術の表現から排除された分だけ、百姓の「いとおしさ」を引き出す。しかし、稲ほどはそれを語ることがない。風景化はそこでとまってしまう。

それを風景の中に位置づけるためには、同じ世界に生きているという世界認識が必要だろう。それは生きものへの情愛として現れる。その情愛をこめて、その生きものが生きている世界を表現するのだ。それが生きもののいる風景になる。赤トンボが飛んでいる姿に情愛を乗せれば、風景は赤トンボへの情愛で満たされて、伝わる。「今年も赤トンボが飛び始めたね」という七月末の発言は、赤トンボの風景そのものではないか。

仕事自体の美

百姓は自分が仕事をしている姿に美を感じることはない。なぜなら、百姓は自分の仕事を自分で眺めることはないからだ。しかし、自分以外の百姓仕事の様子ならいつも見ているし、何よりも自分が仕事を終えた後の様子はかならず確認するものだ。その視線は、作物の出来と、仕事の出来映え(仕事ぶり)に注がれる。たとえば田畑を耕すとしよう。作物はまだ育っていないから、耕した出来映えに眼は向かう。一様にきれいに耕しているだろうか、残している部分はないだろうか、まっすぐに耕しているだろうか、などと観察する。

同じように田植をした後の稲株の列は、すこし曲がっていても収量には影響ないのだが、美しくない。その程度の技量だと自分でもわかっているので、愉快ではない。そういう美意識なら、百姓はしっかり持っているのだ。これは「民芸」の美に通じている。しかし、百姓仕事が陶器や織物などの民芸の仕事と違うのは、自然に働きかけるというところだ。たしかに畦草刈りによって、アザミは美しく咲くのだが、アザミの美しさのどこが自分の仕事の結果なのかは、判然としない。

しかし、野の花の美しさと百姓仕事の関係は証明できなくても、美しい野の花と百姓仕事との関係は明らかだ。なによりも、自分がそのアザミを美しいアザミだと情愛を込めて思っていればいい。次にそのアザミがいつもそこに咲くからいいのである。さらに、いつもそこのアザミにまなざしをそそぐ自分がいるからいいのである。

たしかに百姓仕事自体に美しさを自ら感じることはない。しかし、それが生み出し育てた生きものたちを「風景」として表現することはできる。なぜなら、それらの生きものが生きている世界をいとおしく思うからだ。

この本では、仕事の成果を風景として表現しよう、と提案している。百姓仕事の成果を「心地いい」「きれい」「美しい」と感じるのは、自然に働きかける百姓仕事と働きかける相手の生きものへの情愛が土台になっているのだと思う。風景の中に仕事を発見できるなら、その情愛がことさらにわき起こるので、いい気持ちになるのである。

第3章

百姓仕事が守り、農業技術が壊した風景

農業においては「近代化」は未だに進行中である。その結果、風景は相当に見苦しくなったが、それにもかかわらず農村の風景がかなりの部分で守られているのは、近代化されない百姓仕事が百姓の情念を伴って行われ、風景を支えているからである。このことを説明しよう。

百姓仕事が生み出した風景

中程度攪乱《かくらん》説

「農業は自然破壊だ」という西洋由来の自然観・農業観に、日本農学は反論できなかった。それを突破して、百姓に元気を届けたのは、生態学の「中程度攪乱説」であった。残念ながらこの理論は、農学から生まれたのではないこともあって、多くの百姓はこの学説を知らない。しかし、百姓仕事と自然の関係を一応「科学」的に説明できる。そして、百姓仕事が風景をつくっている原理をわかりやすく説明してくれる。畦草刈りを例にとって、説明しよう。私の田んぼでは年に六回草刈りするから、二〇〇種余りの草花が四季折々に咲き乱れることができる。適度な草刈りによって、自然の遷移に歯止めがかかるからだという。つまり草刈りによって、丈の高い草が刈られて、低い草にも陽が当たるようになる。繁っていた草が刈り取られてダメージを受け、か弱い草も葉をのばすことができる。このように様々な草が、草刈りによって、生きることができる。

この草刈りという行為の結果を生態学は「攪乱」と呼ぶ。攪乱の意味は、自然現象や人為によって、それまであった自然生態系に変化が生じることである。田んぼを耕すとそれまであった草や動物が死に、新しい草や動物が生まれてくる。これは耕耘によって攪乱された結果である。

もし草刈りをしなかったら、つまり草刈りによる攪乱がなかったら、強い、草丈の高い草ばかりが繁茂して、丈の低い、弱い草は生きられない。茅萱や背高泡立草や荒地野菊などだけが繁茂する畦になり、草の種類は激減してしまう。逆に、一〇日おきに草刈り（強い攪乱）したとすれば、草刈りに強い草ばかりが残って、これもまた種類は少なくなってしまう。あるいは除草剤を散布した畦は、攪乱が激しすぎて、それまでの草が死に絶えて、簡単に今までなかった新しい植物が侵入して来る。すべての植物が一斉にスタートを切って、処女地に入ってくるのだから、始末が悪い。適度に草刈りした畦では、新しい種は入り込みにくい。

このように適度な百姓仕事（中程度の攪乱）が行われることによって、自然は変化・遷移をやめ、同じ生きものが生を繰り返すことができ、安定した自然になる。それが落ち着いた「風景」だと感じられるのだ。

安定した風景を支えている百姓仕事を「中程度攪乱説」は初めて理論化したのである。これは、百姓の情感によく合う理論である。草刈りしていない畦道よりも、月に一回草刈りされている道の方が、歩きやすいし、気持ちがいい。攪乱されていない道は歩きにくい、というわけだ。

ところが、どの程度の「攪乱」が一番自然を安定させているのか、つまり何回の草刈りが一番草の種類を増やし、安定させているかを解明するには、研究が深まっていない。それはどうしてだろうか。中程度攪乱説では、説明できない世界が多いのである。

安定して、生きものの生が繰り返すことができる程度の攪乱が「中程度」である。しかしそれを「仕事」と言わずに「攪乱」と言っているうちは、その「中程度」の実質は「仕事」として表現できないし伝えることもできない。なぜなら、人間は仕事を通してしか自然に働きかけることができないからだ。

まして、安定して生が繰り返される自然の風景がなぜ美しいと感じられるか、仕事を抜きに、人間の営みを抜きに説明はできないだろう。このように、まだまだ百姓仕事がどのように自然を支えているかは、研究が深まっていない。それにもかかわらず、百姓仕事は自然を支え続けている。健気な百姓仕事である。

変化への違和感

百姓なら、見慣れない動物や植物にはすぐに気づく。ただそのことがどういう意味を持つのかがわからない。なぜなら、そういう事態は今まではほとんど経験していないからだ。同じ仕事が続いていれば、変化はしないと感じられてきた。それが、変化しだしているのだ。たしかに、見慣れない生きものへの違和感は重要だろう。それが大規模になると、ただの風景までもが破壊されてくる。

しかし、多くの変化は気づかないうちに進行するものだ。昭和四〇年代には、全国的に「田植機」が普及していった。それまでの手植えの苗を育てていた水苗代がなくなって、畑や庭先で育てる「箱苗」に変わった。苗代の風景が失われただけでなく、西日本では苗代に産卵していた殿様ガエルやイモリが産卵する場所を失って、激減していった。それに気づいたのは、ずいぶん経ってからだ。

また昭和六〇年代にはいると、西日本でも五月初旬に田植するコシヒカリの早期栽培が行われるようになった。しかし、やがてこれらの田んぼに入ると、カエルがほとんどいなくなったことに気づいた。コシヒカリは草丈が長く、倒れやすいので、「間断灌水」と称して、時々水を切らして田んぼに溜めない技術が奨励されているのだ。オタマジャクシは足が生えてくるのに五月植えの早期栽培なら四〇日はかかるだろう。ところがこの間に間断灌水をやられたら、オタマジャクシの命はひとたまりもない。その村の百姓に「この頃は蛙の声が聞こえないでしょう」と言うと、「そう言われればそうだな」と答える。

農業の近代化は新しい「技術」の浸透という形をとって急激に進んできたが、生きものの変化は静かに進んできた。近代化技術が生きものへのまなざしを忘れていたこともあり、この変化にいつのまにか百姓は鈍感になってきたような気がする。田植という仕事は変わっていないのに、「田植技術」は機械化され、品種が変わり田植時期が早まり、というように変化している。この仕事と技術の離反が、大きな変化を生み出している。

生き物の声が聞こえる

カエルの声が聞こえない初夏はさびしいのではないだろうか。蛙の合唱の衰退に気づかないままに変化が進行する。気づいたときには、遅すぎることはないが、それをとり戻す意味を説明するのは骨が折れるようになる。なによりもカエルの存在や声に価値を見出さなくなってしまったら話しようがない。このように生きものの存在する世界は、静かに破壊されてきた。

生きものは百姓仕事に合わせて、生きてきた。合わせられない生きものは、田んぼや畑から消えてきた。また田んぼや畑の百姓仕事に合う生きものが周辺からやって来て住み着いた。代掻きするからカエルは安心して産卵できる。田植した田んぼだから、百姓仕事で水を溜めて見回って、切らさないようにする。だからオタマジャクシもヤゴもゲンゴロウやタイコウチの幼虫も育つ。当然のように、田んぼや畑では生きものの姿がよく眼につくし、生きものの声が聞こえる。

この天地有情の世界の価値を守るための新しい方法はどこにあるのだろうか。カエルの声が聞こえる風景（世界）をいいな、トンボの飛ぶ風景（世界）をいいな、と感じる人間をこれ以上減らしたくないのである。それは生きものとしてのカエルやトンボの危機を言い立てるだけでは何かが不足していると感じてきた。カエルが生きる世界を風景として、表現して価値づけなければ、守れないと気づいたのだ。

もちろん現代日本では、カエルの鳴き声やトンボの姿を価値として認める人間は激減し、そのことに危機を感じ、対策を練るような農業政策はどこにもないことはわかっている。

生きものとのつきあい

生きものに囲まれて仕事する

稲の穂が出た頃、田んぼに行くと稲の開花している穂のあちこちに蜜蜂が眼につく。稲が蜜を出すわけではないので、何をしているのだろうかと、しばらく見つめていた。どうやら花粉を集めているようだ。そうか、稲は蜜蜂のエサまで提供しているのか、と感心した。その後、養蜂をやっている友人にこのことを話したら、とっくに知っていて、さらに驚くような話をしてくれた。じつは蜜蜂は田んぼで水分を補給する、と言うのだ。どこにもあるし、流れもないし、給水しやすいのだそうだ。その水分は夏には巣を冷やすために使われるので、かなりいるのだそうだ。稲に

稲の花の花粉を集めている蜜蜂。田んぼは、蜜蜂にとって花粉だけでなく、水分補充でも重要な役割をはたしている

撒布する農薬は、蜜蜂を殺さないものを選ばないといけないわけがここにある。

田んぼで仕事をしていると実に多くの生きものに出会う。ためしに、田んぼの中をゆっくり一〇メートル歩いてみるといい。農薬を散布している田んぼでも一〇種は下らないし、農薬を散布していない田なら、四〇種を超えることも珍しくない。たった一〇分あまりで、たった一〇メートルでもこれだけの生きものに出会うことができる。

果たして、田んぼにはどれほどの生きものがいるのだろうか。今まで誰も答えることができなかった。そこで私たち農と自然の研究所では、二〇〇九年に一年かけて、桐谷圭治さんをはじ

田んぼの生きもの全種リスト（桐谷圭治編）

動物	2495 種
昆虫	1748 種
クモ・ダニなど	141 種
両生類・爬虫類	59 種
魚類・貝類	189 種
甲殻類など	45 種
線虫・ミミズなど	94 種
鳥類	174 種
ほ乳類	45 種
原生生物	829 種
植物	2146 種
双子葉植物	1192 種
単子葉植物	501 種
裸子植物・シダ・コケ類など	248 種
菌類	205 種
総合計	5470 種

めとして全国の研究者、百姓の力を借りて、「田んぼの生きもの全種リスト」を完成させた。これによると、動物二四九五種、植物二一四六種になる。もっともこれは日本全国の田んぼとその周辺の生きものを集成したものだから、一つの田んぼにこれだけの生きものがいることはないが、少なくとも一つの村には一〇〇〇種ぐらいは存在すると思われる。

かつての百姓は、約六〇〇種の生きものの名前（もちろん地方名）を呼んでいたそうである。現代では福岡県内の調査では、約一五〇種に過ぎない。生きものの名前を知っていただけでなく、名前を百姓仕事の中で呼んでいたのである。ということは、生きものに囲まれて仕事をしていたということになる。名前を呼ばない生きものは、そこにいてもいないのも同然である。

このことは、百姓の世界認識に大きな影響を及ぼす。生きものの名前を知っているということは、世界が生きものでより充満していることになるだろう。世界がより生きものとの関係性で濃くなっていることを意味するだろう。仕事の手を休めて、あたりを見回すと、そこには生きものがいっぱい取り囲んでいるのと、生きものがいないのとでは（いても知らなければ、眼に入らないから）雰囲気がちがうだろう。そして、風景もちがって見えるだろう。

野の花を知らない百姓

ヨモギを知らない若い百姓に出会って、驚きのあまり「ヨモギも知らないで百姓するのか」と言ったら、きつい反論にあった。「ヨモギを知らないと農業経営がなぜうまくいかないか、きちんと説明してほしい」と。これを説明するのは簡単ではない。このような青年に「生きものと会話できないと仕事が単調になるだろう」と言っても、「でも作物とはともかく、ヨモギとは会話できなくてもいい」と反論されるだろう。まして「ヨモギ餅をつくれないだろう」と言っても、「好きではないから食べなくてもいい」と言われそうだ。

「百姓していたら、そのうちにわかるよ」と逃げるしかない。たしかにかつての百姓は必要性があったから、名前を覚えたという側面は大きかったと思うが、それ以上に仕事の中で、いつも眼を合わせていたことも大きい。いつも会っていたら、気になるものだ。名前を呼びたくなるものだ。そして身近にその名前を教えてくれる百姓仲間が、親が祖父母がいたのである。

もし、その若い百姓が母親に連れられて、ヨモギを摘みに出かけていたなら、ヨモギ餅を搗《つ》くのを手伝っていたなら、そのヨモギ餅を食べていたなら、私にそんなことを言うこともなかったろう。

野の花への情愛

私の田んぼの横を通る小学生たちが通学の行き戻りに、道ばたの花を摘んでいる。道ばたに花が咲いているから、摘もうという気持ちが湧くのであって、花が咲かない道では、そうした気持ちも育たないだろう。でも、子どもたちは、なぜ花が咲いていれば花を摘むのだろうか。百姓に限らず、人間はなぜ、足元の野の花に眼をとめるのだろうか。

花は、実だけをつければいいのに、花を咲かせる。花を咲かせて、実をつけるための虫を呼ぶためとしか考えられない。小さな花にはそれを好きな虫が集まるのだろう。人間には地味に見える花にも惹かれる虫がいるのだろう。しかし、なぜ花は人間まで惹きつけようとしたのだろうか。それは何とも言えないが、少なくとも人間は惹きつけられ、花には迷惑な話だが、摘んでまでくれて、実をつけることすらできなくなった。花にとっては意外な事態になったのだろう。

私は、人間は虫や生きものと共通の感性があり、それ故に花に惹かれるのではないかと思う。生きものには感性などあるものか、本能で花に惹かれるのだ、と言われるなら、私も意見を合わせてもいい。人間にも生きものにも花に惹かれる本能がある、と。しかし、感性にしろ本能にしろ、人間と花の関係は一方的だ。虫と花の関係は共利・共生だが、花と人間はそうではないように見える。

ところがそうではない。花を摘ませるということは、人間に情愛を抱かせた結果ではないだろうか。その花が好きになれば、滅ぼそうという気持ちは生まれない。むしろその花を毎年見ようという気持ちになるだろう。そこを花はねらったのかもしれない。

風景と時間

四季はどうして生まれたのか

もちろん、百姓がいなくても季節はめぐり来る。春になれば暖かくなり、夏になれば暑くなり、秋は涼しくなり、冬は寒い。しかし、四季とはそういうものではない。四季は、生きものの変化で表現されてはじめて四季になる。春になればモンシロチョウが飛び、夏になれば蛙が鳴き、秋になれば赤トンボが群れ飛び、冬になれば雁が飛来する。もちろん、現代の四季の一例を語っているのであり、百姓がいなかった太古の時代にはこうした生きものはほとんどいなかっただろう。こうした四季の語り方もなかった。別の四季があった。つまり、現存の四季の表現は農業の開始と広がりとともに、百姓仕事の広がりに応じて、次第に変化してきたのである。それは自然が変化してきたということと同じ意味でもある。

四季折々の風物が、原生自然の生きものから、身近な農的な自然の生きものへと変化するようになってから、四季は一段と深まったことは疑うことができない。なぜなら、四季とは毎年変わらずに訪れるものでなくてはならない、というものになったからだ。そして、それは「風物」によって、表現されなければならないからだ。

蛙や赤トンボのことは、すでに十分語ってきたので繰り返さないが、百姓仕事が毎年季節に合わせて繰り返すからこそ、その百姓仕事によって生まれ育つ「風物」も毎年変わらずに繰り返す。それが「四季」の内実となった。

この場合の「風物」とは、前風景の中の生きものや自然現象のことだ。風景化されていない場合でも、風物は表現されてきた。なぜなら、それは人間と自然との関係の証だったからだ。

変化を持続させ、変化させない気概

私たちにとって、四季がくり返すのはあたりまえであり、そのくり返しが変調するのは、異常現象だと思われる。それは、自然に働きかける百姓仕事が安定していたからである。毎年毎年、同じ時期に田植仕事が行われるようになったから、それに合わせて生きものも産卵するようになったのだ。稲の育ちにあわせた百姓仕事が毎年同じように行われるようになって、生きものもそれに合わせて生の時を刻むようになった。こうした生きものの様子、そして生きものと生きものの関係の様相を風景にするには、百姓仕事を見つければいい。それを表現することが新しい風景の表現（発見）になると主張してきた。

四季の風物を支えている百姓仕事を発見して、表現すれば、それは農の風景になるばかりでなく、これまで以上に深い自然の風景になるのである。それは自然のめぐみの豊かさの表現につながっていく。

一〇〇年後の様子を思い描けるか

四季よりも、もっと長い時間、年月を思ってみよう。山に木を植える人は、一〇〇年後の育った森の様子を思い描く。その木を伐採するのは、たぶん孫かひ孫だろう。しかし、育った樹を思い浮かべて、引き継ぐ気持ちがあるからこそ、苗木を植えるのは楽しい。同じように、田を開いた人は、一〇〇年後も二〇〇年後も耕し続けられることを疑わない。自分の代だけの耕作なら、あれほど苦労して田を開く意味は小さくなり、現代的に考えるなら、自分の代では元はとれない。自分の死後も田植、稲刈りが続くと思うと、畦の石を積んでいく仕事も楽しかったろう。

もちろん先祖は未来の姿を「風景」として思い描いたわけではなかろうが、それに近い想像はしただろう。そういうふうに現前の風景から連想させてくれるのが、風景化することのうれしさなのである。

近代化された労働観では、すぐに百姓仕事を重労働、単純作業などと貶めるが、こうした時を超えた精神性を見て、自分たちの時の見方の短さに気づいてほしい。

近代化技術による破壊

戦後の近代化技術は風景を破壊しようと思って破壊したのではない。それは、自然を破壊しようと思って破壊したわけではないことと同様である。だからこそ、その自覚がないだけ問題は深刻なのである。

農業を近代化するためにはしかたがないのか

除草剤だけではない。多くの近代化技術によって、田舎の農の風景は破壊され続けてきた。農薬によって、多くの生きものの姿が見あたらなくなった。広々とした圃場整備された水田には、木陰も消え、彼岸花も見あたらず、メダカが遡ってくる小川も消滅した。大型の乾燥施設や集落排水の処理場の不自然な建物が増え、田んぼに働く百姓の姿や遊ぶ子どもたちの姿がめっきり減ってしまった。

農の「風景」は百姓や国民を包み込み、ある種の共通の情感を育んできた。たとえばその九九パーセントが田んぼで生まれる赤トンボへの情感は、農が生み出した伝統文化だった。そういう精神世界の豊かさに、農業の近代化は眼を注ぐことがない。ひたすらカネになる「生産性」を追求してきた。じつは、現代において農の「風景」のあり方を問うということは、農業の近代化を問うことにならざるをえない。

農には、決して近代化してはならないものがある。私は、それこそが農の土台であると考えている。近代化して得られるものと失われるものを天秤にかけて、得失を量って、近代化するかどうかが決められたことは一度もなかった。なぜなら、失われていく世界は失われて初めて気づくほど、あたりまえのただのものであり、風景で言えばただの風景だからである。むしろ近代化はそれによって「改善」できることを強調する。仕事が楽になりますよ、効率が上がりますよ、儲かりますよ、とささやき続ける。つまり今までの仕事は楽じゃないでしょう、効率が悪いでしょう、儲からないでしょう、と脅しをかけ続けるのが近代化の常套手段なのだ。それというのも、仕事を技術に分解したように見せて、個別の細切れの技術のすばらしさで、断片断片を近代化して「改善」していくのである。

したがって、仕事の全体性が見失われることになる。断片断片で技術が評価され、全体性は所得や総労働時間や収量で測ればいいと思うようになる。さらに仕事の喜びや充実は技術の評価尺度から追放されていく。時代遅れの、非合理な価値になっていく。

環境への影響を把握する農業技術が存在しない

未だに多くの百姓も農業研究者も農政担当者もそのことに気づいていないことがある。少なくとも「技術」を論じるなら当然のことが、忘れられている。その原因は後で述べることにして、現実の状況を説明しておこう。ある農業技術が開発されたとする。その技術で、どれだけの収量や所得が向上するかは、詳細に検討され、旧来の技術よりも優れているという証明を添えて提案される。しかし、そのことによって（ア）自然環境にはどういう影響を与えるか、（イ）百姓の仕事や情愛にはどのように影響を与えるのか、まったく検討されない。

たとえば水稲の「直播技術」が提案されるとする。収量や労働時間などは、しっかり検討されるが、田植がなくなるのだから、（ア）そのことによって生きものはどういう影響を受けるのか、（イ）そのことによって、苗を育て、大きくなった苗を田植していた百姓の情愛がどう影響を受けるのか、は全く顧慮されない。

同時に「風景」もまた大きな影響を受け、百姓の風景を見つめる情愛も変化するのに、信じられないほど、このことに農業の研究者は無頓着だ。これでは、風景への影響を考えることはあり得ない。近代化された農業技術でもこの有様なのだ。つまり、自然を外側から見る西洋由来の自然観の上に花開いた「科学」であるなら、自然への影響は、風景への影響は自然の外側から、風景の外側から、ちゃんと科学的に客観的に見えるはずであろう。それなのに、なぜ眼が曇ってしまったのだろうか。

私は、百姓仕事の豊かさに甘えているからだと思う。農業技術が百姓仕事とほぼ重なると錯覚しているからだと思う。かつての百姓仕事は自然に包まれていた。自然を客体化しなかった。だからこそ、自然と親和的であった。その伝統に胡座《あぐら》をかいているとしか思えない。そういう感性は百姓が行う百姓仕事の領域だと考え、農業技術はそうしたところと無縁に進めていいものだと考えてきたのである。近代化技術は、百姓仕事とは重なり合わないことが多いのに、そのことから眼をそらしている。はっきり言っておこう。近代化技術は仕事から抽出されたのではない。全く別の発想から生まれたものだ。それが仕事の一部に似ているからと言って、錯覚してはならない。近代化技術が仕事の中に自然や風景を支える技術を置き忘れてきた、のではないのだ。

畦への除草剤散布技術を例にとってみようか。畦の草をすみかとする生きものへの影響は全く配慮されず、研究もされない。立ち枯れした田んぼの風景が、人間の心情にどういう影響を与えるのかも、検討されたためしがない。これは「畦草刈り労働を軽減する」という言説が畦草刈りに言及しているだけであって、畦草刈りという仕事の発展形態でも何でもない。

近代化を進める人たちは、農業技術によって風景が変化することは、当然であって、今までも検討されずに済ませてきたと言うだろう。たしかに、ことは農学の誕生までさかのぼって、被告を尋問しなければならなくなるので、気が重いことである。

風景を壊す技術

この五〇年間の農業の近代化技術には、風景を美しくする技術はひとつもなかった。にもかかわらず、まだまだ農村の風景が美しいのは近代化される前の百姓仕事（私は土台技術と言う）が、風景を支えているからだ。

先年、棚田の圃場整備を二か所見学した。補助金で、畦を「土色」のコンクリートで塗り固めていた。どちらも棚田百選に選ばれた地域だ。唖然とした。これが棚田を守る答えなのか。「宇根さん、棚田の管理は大変なんですよ。後継者もいないし、米価は下がるし、せめて畦草刈りは軽減したいのです」。

そんなこと、説明してもらうまでもなく、わが家の田んぼで承知している。そのコンクリートの棚田の風景からは、生きものも、草花も、人間も、仕事も、連れ去られるのだ。「経済」から、ゲンゴロウを守り、彼岸花を守り、百姓の歴史を守り、百姓仕事のカネにならない豊かさを守るための政治や価値観を提案することなく、近代化に負けていく。いままでかろうじて、いや断固として持続されてきたいとなみが、失われていく。

棚田を守ると称して、棚田の精神を殺していく圃場整備事業が登場したわけだ。「ほらね、畦草切りしないでよくなったでしょう。田まわりの回数も減らしていいのですよ。やっと近代化の恩恵は、棚田まで及んで来たのです」。これは、畦に除草剤を散布する技術とよく似ているではないか。近代化の甘い誘惑はとうとう、棚田に及ぼうとしている。近代化への対案は、近代化が否定してきたものの豊かさを突きつけることであり、そのために理論と政策と国民合意を準備するために「棚田を見よ。あの営為にこそ、経済性を越えた百姓仕事の本質が見える。みんなでどうして支えるか、考えよう」としているのに、あざ笑うように、「考えてばかりいても、間に合いません。もう滅びつつあるのだから、コンクリート漬けにしても、滅びるよりはましなんだ」と言っているのだ。

コンクリートを拒否している棚田が圧倒的に多いことに、知らぬふりをしてはならない。畦のコンクリートをはがして、彼岸花を植えている地域もあることを知るべきだろう。要求すべきは、コンクリートにしなくても維持できる「策」と「知恵」だろう。中山間地への「直接支払」は、そのために役立てていくべきだ。

農村工学の気づき

ところが、このことにやっと気づいた農学が登場してきた。近年の農村工学の展開はなかなかのものだと感じている。もちろん、それまでの農村の土木事業が、圃場整備や河川改修に代表されるように、生態系破壊そのものだったという反省を踏まえているところがいいと思う。もっとも、河川の「多自然工法」と同じように、試行錯誤でやっているのが現状だが、成果は出つつある。ただし、魚道をつけたり、ビオトープを設けたり、コンクリート護岸を石積みにしたりと、まだ弥縫《びほう》策の積み重ねだが、少なくとも生きものの生に配慮した工法に大きく舵を切ったことは評価したい。むしろ農村工学の足かせになっているのは、「生産農学」の方の無理解だろう。たとえば、いくら魚道を設置して魚を遡上させても、中干しが早ければ、魚は成魚に育たない。農村工学に生物技術は生まれたが、生産農学に生物技術が生まれていない。だから今でも大規模の圃場整備が止められないのだ。ここで農村工学は先へ進めないでいる。小さな区画も生きもののために必要だ、田んぼが日陰になるが、人間のために生きもののために畦に樹木は必要だ、と主張しなければならないのに、まだ躊躇している。

さらに農村工学では、風景を論じなければならないだろう。その取組みも、試行錯誤で始まっていることは評価したいが、まだ「景観」でとどまって「風景」に届いていないように思える。農水省が配布している「農業農村整備事業における景観配慮の手引き」の中から、じつに誠実な最先端の記述を紹介しよう。

> 農村は、人間が生きるために必要な食料を生産し生活を営む空間であり、また多様な生態系を育む二次的自然が形成されてきた空間である。このために「生きる」という視点から農村の美しさを考えることが重要である。
>
> 生きるために必要な農村の機能には、人間の生存に必要な機能と快適に生きるための機能

があり、美しい農村にはこれらの機能が備わっている必要があると考えられる。

また、農村では、地域の素材を効率よく農業生産や集落形成に活かした結果、調和と統一感のある景観が形成されてきた。このように形成された農村は、現代的な価値観からとらえた場合、造形的な美しさを持つ空間として評価されている。

こうしたことから、農村景観の美しさは、人間が生存し、快適に生きるための機能を備えた上で、農村景観を構成する要素が造形的に調和することにより、発現されるものと考えられる。


どうだろうか。私はここまで来たか、と評価する。だが、これだから農学は限界を超えられないのだと痛感もするのだ。これは村の世界を外側から見ている。だからすぐに風景化できていて、「景観」として語り出すことができるのだ。そうすると、仕事と情愛が見えなくなり、「機能」だけが眼につくようになる。それでは「美しさ」は、人間が生きるための機能の属性になってしまうのではないか。外側からの眼も馬鹿にしてはならないが、村の世界の内側からの、池とフナのたとえで言えば、池の中のフナからのまなざしも、同時に持たなくてはならないのではないだろうか。それがまだ形成されていない。

情感への鈍感さ

二〇〇六年に行った福岡県の百姓へのアンケート「戻ってきてほしい田んぼの生きものは何です

か」への回答は衝撃的なものだった。飛び抜けて多かった生きものは、ドジョウだった。福岡県では昭和四〇年代までは、秋になると盛んにドジョウとりが行われていた。落水のために河川の堰からの取水を止めると、水路の水が少なくなってくる。するとドジョウはあわてて、上流に遡ってくる。そこをウケという竹カゴを下流に口を開けて、必ずそこを通るように設置しておくのだ。当時私は農業改良普及員になったばかりであったが、村々でドジョウ汁を振る舞われるのでうんざりしていたぐらい、ドジョウは川にあふれていた。

それが、昭和五〇年代からの用排水分離型の圃場整備事業によって、ほとんどいなくなってしまった。産卵場所の田んぼに遡上できなくなったからだ。それは百姓が選んだ近代化であった。そのためにドジョウやナマズや鮒がいなくなるとは想像もしていなかった。結果的に自分たちの選択で、ドジョウを殺してしまったという自覚が百姓にはある。だから「戻ってきてほしい」と思うのである。

魚道の設置はたしかにわざとらしいし、ドジョウなどの生きものの復活だけをねらっているように見えるが、百姓の情愛の復活を目指してほしい。いや、百姓に情愛が残っておればこそ、魚道の設置や改良も進むのだ。

コンクリート畦の美しさ

仕事が変化しなければ、情感も情愛も変化しないが、戦後の農業近代化は生産効率をひたすら百姓に求めてきた。その結果、情感の発露である美意識は当然変化してきた。次の表は棚田百選に選ばれている福岡県(旧)宝珠山村と、私の地元の福岡県(旧)前原市の百姓に尋ねた結果である。

福岡県(旧)宝珠山村は小さな石を積み上げた棚田が、実に美しいところだが、畦のコンクリート舗装が完了して、もう二〇年以上になる。一方の前原市は、土の畦がほとんどの地域である。

十年以上もコンクリートの畦を見ていると、石垣の草取りはしているのだが、畦草刈りからは「解放」されているので、コンクリートの畦も悪くないという実感が定着しているのである。それに対して「これはまずいですよ」と、畦の生きものから指摘する声はほとんど聞かれない。

下の表は、美意識は、変化していくものだということを示している。コンクリートの畦を美しいと感じる百姓もとうとう現れているのである。伝統も変化していくものである。危機に陥っていると言うべきだろう。「棚田は日本の原風景」だというキャッチコピーを見かけるが、その程度の理解では、変貌していく棚田を保全することはできない。

表　「どういう棚田の畦を美しいと感じますか？」への回答（いずれも百姓・1998年）

	福岡県旧宝珠山村	福岡県旧前原市
草が伸び放題の畦	0人	0人
きれいに刈られた畦	22人	31人
コンクリートで舗装された畦	3人	0人
合計	25人	31人

しかし、もう一度前ページの表を見てもらいたい。コンクリートの畦になって、二〇年以上になるのにきれいに刈られた畦を美しい畦とする百姓の方がはるかに多いことにむしろ着目すべきかもしれない。

ただの風景は百姓仕事の発見によって「風景」となり、これから価値づけられていくにちがいない。そこで、伝統的な百姓仕事が自然や風景を支えてきたのに、近代化農業技術はなぜそれを破壊するようになったのだろうか、という疑問に行き着かざるを得ない。その原因は、前の項で考えたように、仕事から技術が抽出されたものという錯覚によって、百姓仕事の中にはあった「環境把握」と「情愛保持」が失われたことが原因である。

しかし、ことはそれだけでは済まない。近代化技術の土台に本質的に居座っているある精神を問題にしなければならない。

近代化尺度の欺瞞

その農業技術がいい技術か、たいしたことがないのか、くだらないのかを測る尺度は日本農学によって、精緻に組み立てられてきた。その最たるものが、収量と所得と生産費と労働時間だった。簡単に言うと、収量が多く生産費が低い方が所得も多くなる。労働時間が少なく、収量が多い方が労働生産性は高くなる。つまり幸せに近づく近道なのだった。この尺度（評価基準）を「近代化尺度」と呼ぶ。

近代化尺度の解釈を変え、脱近代化尺度をつくる

近代化尺度	従来の解釈	新しい解釈	脱近代化尺度	その根拠・内実
労働時間	短い方がいい	長くてもいい	生きもの	一緒に働くものがいるのがいい
所得	多い方がいい	低くてもいい	風景	風景を壊さない
収量	多い方がいい	少なくてもいい	生きがい	カネにならないよりどころ
生産コスト	少ない方がいい	かかってもいい	エネルギー収支	投入エネルギーの少なさ
労賃	高いほうがいい	安くてもいい	くらし	自然、人間との関係性の深さ
安全性	人間のため	生きものの関係の安定と安全	生物多様性	どういう生きものと関わっているか
利潤の使い方	再投資か贅沢	自然への還元	家族の参加	年寄りや子どもが役割分担できるか
労働強度	軽い方がいい	楽しければいい	消費者とのつながり	農を支える存在
経営拡大	大きい方がいい	持続すればいい	自給	カネにならないものも自給する
環境保全	経営に支障がない程度で	経営の重要な一部	自然	守るつとめ
補助金	生産性向上のため	カネにならないものへの支援	仕事	情愛の源

しかし、それにもかかわらず、いやそれ故に、仕事は楽しくなくなり、家族は離れていき、生きものは不安定になり、自然と風景は荒れてきた。これはどうしてなのだろうか。近代化そのものが、幸せの道ではなかったのではないか、と多くの百姓は感じていたが、それを表現する「尺度」がなかった。近代化尺度に対抗する尺度が手元になかった。それはそうだろう。農学とは、近代化をすすめるための学問だったのだから、農学の中を探している限り、それは見つからないだろう。そこで、百姓がつくりだせばいいのである。私がつくった尺度を前ページに掲げる。

【新しい解釈】まず、今までの近代化の成果を測る尺度も解釈を変えればいい。

【脱近代化尺度】次に、別の尺度を考えて、技術や政策や仕事やくらしの評価に使ってみる。

こうした近代化を暴走させない「尺度」を考案し、普及させていく学問が求められている。

風景としての田んぼの大きさ

広々とした田んぼ

広々とした田んぼが広がっている。一枚一枚の田んぼが広いし、しかも長方形にそろって並んでいる。よく見ると水路はコンクリートの直線で、畦には除草剤が散布されて、草は生えていない。「これこそ農業近代化の象徴で、日本農業が目指してきた理想の形態である」と一時期は考えられていた。

一方山あいの村では、小さな田んぼが不整形にくっつきあっていて、水路も土で草に覆われている。畦はきれいに畦塗りされていて、草花が咲いている。「これは、近代化に取り残された農村です」と解説されてきた。

たしかに広々した田んぼには、近代化精神を感じる。近代化が輝いて見えていたときには、近代化をいいことだとして疑わない精神には、この風景は好ましく、胸を張りたいものに映っただろう。反対に、狭い田んぼの村の風景は、「まだ効率の悪い手仕事に頼らざるを得ないだろうな」と同情の気持ちが湧いてくるだろう。

しかし、そういう人でも百姓なら、心の底では、狭い田んぼの風景に懐かしさとある種の安心を覚えるにちがいない。それはどうしてだろうか。近代化された田畑の晴れがましさの裏に、不安と落ち着かないものが見えるからだ。それは何だろうか。仕事のやり方に起因しているのではないか。常に効率を求められ続けてきた人生があったからではないか。つねに変化を強いられ、進め進めと時代に尻をたたかれた歴史への「やれやれ」という気分があったからではないか。

時代は、近代化を問わざるを得ない時代になってしまった。

大きさはどうして決まるのか

田んぼの大きさに美しさのちがいはあるのかを考えてみよう。そもそも田んぼの大きさはどうして決まったのだろうか。まずは造成のときに無理のない造成ができるかどうかできまる。急斜面に幅広の田んぼを造成しようとするなら、山の斜面を大きく削るか、谷を埋め立てなければならない。そんなことをしたら、危険だ。造成後だって、いつ崩れるかわからない。傾斜が少ない地帯でも、広い田んぼを造成するなら、高いところの土を低いところへ大量に動かさなくてはならない。そんなにしてまで広くする必要は全くなかった。

手で耕し、手で植えて、手で刈っていた時代には、狭い方が仕事の区切りもつけやすい。土も平らにしやすく、水も溜めやすい。

それでは、広くしたいという動機はどこにあるのだろうか。たしかに畦をなくせば、田んぼは広くなるし、畦塗りする部分も少なくなる。しかし、段差があるところでは畦は取

圃場整備後の広々とした田んぼ

り除けないし、手作業の時代には畦塗りの手間を惜しむことはなかった。

やはり、広い田んぼにしたくなったのは、牛馬で耕耘するようになったからではないか。狭い田んぼでは、耕していて、Uターンの回数が多くなり、仕事がはかどらない。この「はかどらない」というのは、内発的なもので、近代化精神とは似て非なるものだ。人間と牛馬が一体になって仕事をするときに、回転ばかりしていたのでは、耕す仕事に没頭しにくいという事情が、もう少し広くして、長方形にしようとする動機になった。

したがって公的な「耕地整理」は明治三〇年代に始まるが、昭和一〇年代までの区画は五畝《せ》から八畝が基準であった。戦後の三〇年代になると一反になり、耕耘機、トラクターがほぼ普及しつくした昭和四〇年代から、三

畦がたくさんあるせまい田んぼ

○アールが基準となる。それが、平成になると一ヘクタール以上になるのは、離農による規模拡大が大幅に進んだからであり、近代化路線の見直しが、なかなか進まなかったからである。

（平成元年から開始された「低コスト化水田農業モデルほ場整備促進事業」では一ヘクタール以上の田んぼが四分の一以上ないといけないという基準が設けられた）

広い田んぼの欠点

一枚がじつに広い田んぼが出現している。農林水産省が一枚が一ヘクタール以上の区画の田んぼでないと工事費を助成しない圃場整備事業が行われるようになったからである。私の田んぼの二〇倍もある広さの田んぼを眺めると、さすがに効率を追求している精神を感じることができる。たしかにある種の美しさと悲しさがある。

田を広げると畦は減る

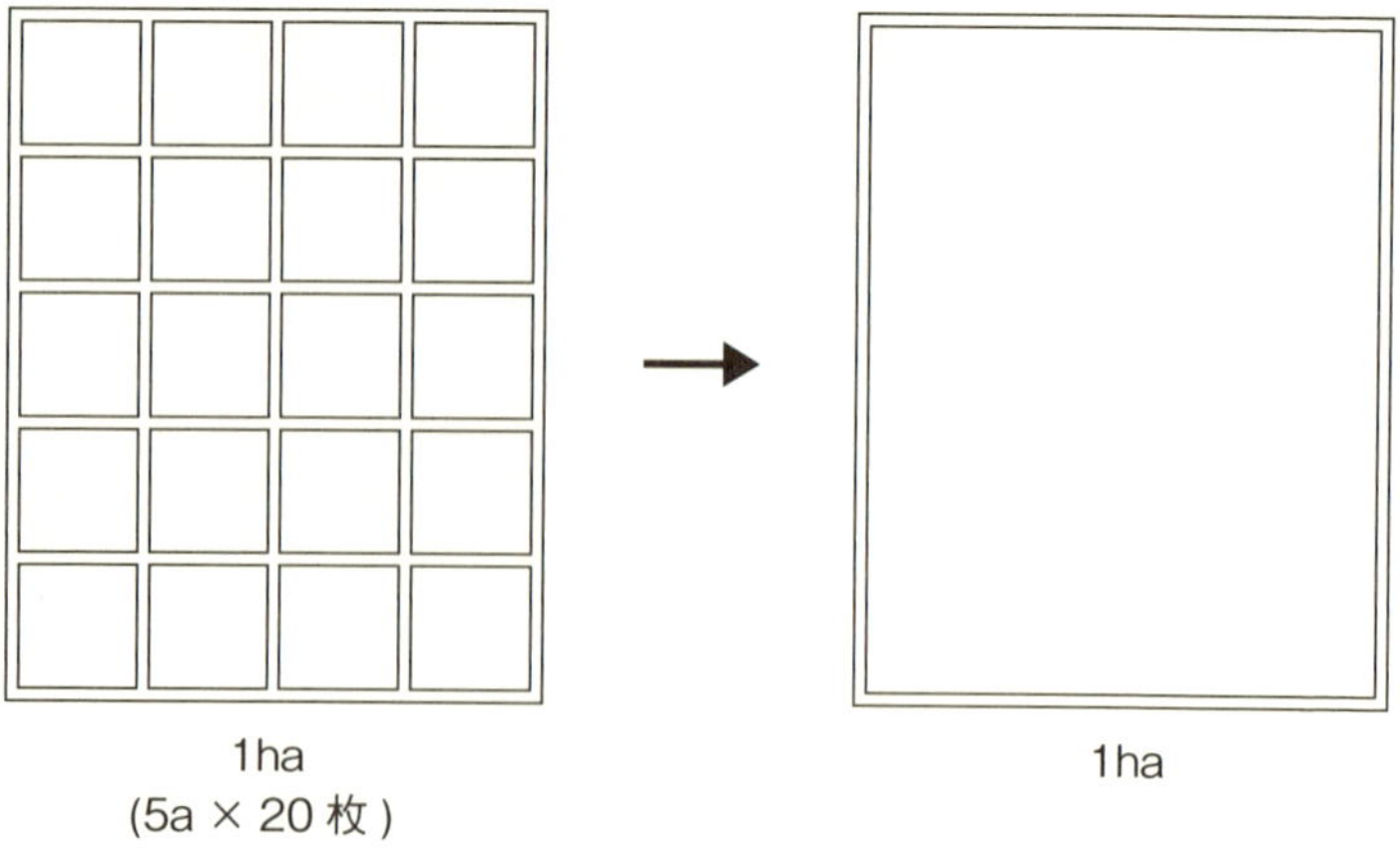

（畦の長さは 13%に減る）

広い田んぼでは事故が多くなる。トラクターの転落事故の多くは、居眠りで畔を乗り越えて、転落したことが原因の多くを占めている。狭い田んぼでは、すぐにターンせねばならないし、一枚一枚し終わった区切りもすぐに訪れる。ところが広い田んぼでは、退屈になる。しかも大型の機械では、座って運転しているだけなので、余計に眠たくなるのだ。

二〇〇七年の農作業事故の死亡者は、三九七人で建設業界全体よりも多くなったそうだ。圃場の広さを広くしたことによって、百姓の犠牲者が増えたのは、近代化の本質を表しているとみるべきだ。

また広い田んぼは生きものへも大きな影響を与えている。大きな田んぼは畦が少なくなる。その結果代かきのときに畔に避難するクモなどの生きものは、畦が遠くなり、生存率が低くなる。また畦の生き物を育てる容量は小さくなり、ゲンゴロウや平家ボタルなどは蛹《さなぎ》になる場所が少なくなる。また畦際でよく生活するコオイムシやイモリの幼生も少なくなる。このように、田んぼを広くする利点だけが研究され、欠点はほとんど研究されなかったのが問題だ。

小さな田んぼ

私のように農業の「近代化」に対して、嫌悪感を抱いてきた人間は、一枚一枚が狭くて小さな田んぼを通して、その百姓の「生き方」に思いを馳せる。効率を求めず、あるがままの田んぼを耕し続ける「不利」を引き受けて生きていこうとしている気概を感じる。大いに共感を抱いてしまう。

それは、自分の生き方の分身をそこに見るからであり、そういう風景は私の生き方（百姓仕事や百姓ぐらし）によって、そのように風景化されているのである。

小さな田んぼの風景を「かわいそうに」「大変だろう」「遅れている」「趣味でやっている」などと見る人は、そういう価値観で見るからである。そのように風景化している。

田んぼの風情

ともあれ「田んぼの風情には、立派な価値がある」と言ってみたい。たしかに一ヘクタールの長方形が整然として連なる水田地帯のたたずまいには、新しい輝きがある。しかも、よく見れば、冬の風景であっても、一枚一枚の田が明らかに異なることも、わかる。耕耘時期や乾き具合、栽培した稲の品種、草の種類によって、田の色は違う。夏なら、なおさらだ。しかし、やはりあの「不整形」だった頃の、田んぼの個性と百姓の個性は消え失せている。

効率を求める気持ちも確実にあったのに、それよりも大切なものがあったがために、地形に合わせただけの田んぼで、そのままにそこにある情景を、守りたいと思う気持ちを大切にしたい。近代的な大工場の前に立つと、そこで働いている労働者の身綺麗な服装を連想したり、高給だろうと想像する。そして、生産工程の一コマになっているかもしれないと、悲しみもまた感じる。一方、町工場のみすぼらしい外観を見ていると、経済的に厳しいだろうという同情と同時に、そこで働く労働者の額の汗の温かさを連想もする。

それと同じような情感を、村の田んぼの風情に、持つことはないだろうか。広々とした田んぼには、生産性向上にかけた農業近代化の息吹を感じるし、工業を追いかけざるをえない「産業」の悲しみが見える。一方の不整形の田んぼからは、時代の精神に背を向けて、あるいは取り残されて、それでも在所でずーっと生きていこうとしている気概と、その切なさが漂ってくる。

ところが、多くの日本人は、そういうつつましい風景は（同時に人生は、と言い換えもきくのだが）、特別な地域に、特別に保存すればいいのですよ、と小賢しい「対策」を提案することだろう。しかし、と問わなければなるまい。記念物にするその感性がすでに、敗北者の論理なのであり、小さく丸くとがった形の田んぼの情念を、すくい上げるものを失った証拠ではないか。それは、大事なものを、不本意ながらも、捨て続けて来ざるを得なかった、自分の人生の近代化を無惨にも、正当化するためではないのか。まだ、そこに逃げ込むには早いのではないか。だから、田んぼや生きものを記念物にすることには、断固として、抵抗したい。保存すべきではなく、価値を見つけるのである。

生産の定義の書き換えを

前に述べたように、戦後の農業技術には、まったく自然環境把握技術が付随していなかった。したがって、農業技術の風景への影響など顧慮することはまったくなかった。なぜその程度の農業技術でよしとしたのだろうか。

再生産という虚妄

戦後の農業経済学の百姓への影響でもっとも罪深いものは、「再生産」という概念だったような気がする。これは百姓が国家に支えてもらう米価を要求するときの算定に使われ、政府がそれに応えるときの算定に使った考え方である。つまり農民運動も、それに対峙する国家の側も、同じ土俵の上で、ただ計算の仕方の差異を争っただけである。算定の結果は根拠となる数値のとり方によっていくぶん違ったものの、考え方は全く同じであった。要するに「再生産が補償される価格」を米価として要求し、定めたのである。この図式は政府が、米を買い入れした食糧管理制度の根幹だった。

しかし、この場合の再生産とは、工業的な再生産でしかない。かかったコストを米価で回収・補償できれば、また翌年生産できるという程度の思想である。それではなぜ、現在の米価はこの再生産価格を大幅に下回っているのに、再生産できているのだろうか。なぜ、百姓は赤字でも稲を植え続けているのだろうか。再生産論者の答えは、自身の労賃を減らして生産しているからである。これでは答えになっていない。再生産できないはずだから。

ほんとうの答えは、別のところにある。経済学者の再生産と言うときの「生産」では見えない価値のために、生産を続けているのである。もし採算にあわないからと言って、再生産できない米価だからと言って、生産をやめたらその価値が滅びるからである。その価値とは何だろうか。それが再生産論者には見えなかったから、田んぼの風景を救えなかったのだ。

もし私が「こんな米価では再生産できない、赤字になるばかりだから、買ったほうが安上がりだ」と言って、作付けをやめたらどうなるだろうか。私は多くの価値を失うだろう。まず、田んぼの仕事がなくなり、生き甲斐を失う。我が家の田畑で育ったものを食べる喜び、それを家族で語る嬉しさがなくなる。先人からずっと続いてきた百姓仕事の技が伝承できなくなる。田んぼという自然が荒れていく。村の風景が我が家の田んぼから荒れていく。下の田んぼの水利に影響を与える。田んぼの上を渡る涼しい風が消える。田んぼから夥しいほどに生まれていた赤トンボや蛙へのまなざしが滅びていく。

農業経済学者が唱えた「再生産」には、こうした価値は含まれなかった。カネになる、経済学で把握できる価値だけで、米価を算定する愚かさに、百姓と国民全体を導いてしまったことに、反省が始まってもいい。経済的な価値がないものは、あるいは経済的に計算できないものは学問の対象にできない限界は、未だに突破できていないようだ。風景をとらえる学問の、農学における不在は今も続いているのである。

風景は生産物ではないのか

そこで、生産や再生産の概念を大きく転換しなければ、百姓仕事や自然や風景は守れないことに気づいてほしい。風景は百姓仕事の生産の過程と結果とそれに対する思いの表情である。それはカネになる世界が小さく見えるほど、壮大な、しかも深い認識の結果である。稲作技術では、田んぼの風景は手に負えないが、田んぼの風景には稲作技術の影響はちゃんと含まれている。稲の収量は、数値で表すことができるが、田んぼの風景はさらに稲全体の様子や勢いや被害や、何よりも百姓の思いまでも反映して表情としてしっかり見えるではないか。

旅行者にとっては、さらにはっきりするだろう。四季折々の田んぼの風景は、カネにはならないが、眺める価値を生み出し続けている。それにカネを支払いたくなる気持ちも起きないこともないが、ただ徴収するシステムと習慣がないだけの話である。そういうシステムも習慣もいらない。田舎の風景はタダではない、という認識さえ育てばいい。そのためには、それが百姓仕事によって生み出されていることを、しっかり伝えなければならない。「それは生産の目的ではないでしょう」と反論されたら、昔の農業経済学ではそうでしたが、最近では風景も生産物だという位置づけに賛同する人が増えてきています、と言えばいい。

そもそも現代の経済学の生産という概念は、工業生産から借用したものに過ぎない。再びアダム・スミスの『国富論』の中の有名な記述を思い出すがいい。「農業生産が工業生産と決定的に異なるのは、農業は自然が一緒に労働しているところだ」。私の言い方では、百姓は自然に働きかけて、自然のめぐみを引き出している。その自然のめぐみは、計画通りに計画したものだけが届けられることは、決してない。いつも思い通りにはならないし、目的としていないものまでたっぷり届けられる。その目的としていないものも「自然のめぐみ」として受け取ってきた。それなのに、近代的な学問は目的としたものと、そうでないものを区分して、目的としたものを「生産物」としたのである。いかに工業的な概念が農業に導入されたのか、一目瞭然ではないか。したがって、自然のめぐみの一部に「風景」は含まれると考えればいい。

生産を定義しなおす

そこで、農業における「生産」の定義をそろそろ本格的に書き改めたらどうだろうか。農学者の中からはそういう発想が出てこないので、私がそれを試みている(二〇〇七年に出版した『天地有情の農学』でそれを試みたが、農業界の反応はほとんどなかった)。

「農業生産とは、百姓が自然に働きかけて、それに応じて自然からもたらされる〝めぐみ〟のすべてを指す」

これが新しい定義である。カネになるかどうか、計算できるかどうか、数値化できるかどうかなどは、どうでもいい。ただ表現できなければ、伝わらないし、守ることも、再生産することもできない。風景の再生産とは、生きものの再生産に似ている。生きものが生を繰り返すためには、生きていく環境が重要だが、それだけでは足りない。その環境を再生産する百姓仕事や百姓のくらしが不可欠である。さらに、その生きものへの百姓のまなざしが必要であり、さらに情愛が欠かせない。同じように農村の風景も、その風景の中の生きものが生を安定して繰り返すことができなければならない。さらに風景の場合は、生きものだけでなく、百姓仕事だけでなく、それを包み込んだ世界も繰り返さなければならない。在所の世界のくり返しとは、村の生活が続くことである。いや村を持続させるためには、カネになる産業が必要だ、もっと開発しなければならない、という考えが、風景を踏みにじってきた。同じ「村が続く」と言っても、カネに重点を置けば、風景や自然は壊れ、風景や自然を大切にすればカネが入らない、というのは、政治の貧困に過ぎないのに、そういうものだと思わせられた国民がいる。

生産の定義の見直しが進まないほんとうの理由は、学者を先頭にして学がカネに負けているからである。「食っていけなければ、何事も始まらない」という脅迫に対抗できないからだ。風景で食べる方法や政治を考案する学だってあってもいいだろう。そもそも、カネに負ける学なんて、学ではなく、処世ではないだろうか。

第4章

「風景」と「景観」のちがい

風景について論じた本のほとんどは、すでに「風景化」された後の風景を論じている。また多くの本は、風景よりも「景観」をとりあげて分析したり評価したりしている。風景化される前の風景と、風景化された後の風景とでは、そして景観とでは、大いに異なる。これを混同するから、話が混乱してしまう。しかも、これは日本での「自然」の位置づけとよく似ているところがある。

自然と花鳥風月

自然環境を指す「自然」という言葉を持たなかった時代には、私たちの先祖はどういう自然観をもっていたのだろうか。その時の自然はどのように見えていたのだろうか。これが最も気になるところだ。現在の「自然」を意識して見る場所は、自然の外にあるが、当時は自然の中からしか見なかった。

当時は、生きものがあふれる世界に生きものの一員として生き、生きものとの垣根も低かったので、生きものも人間と同じような生にあふれ、タマシイが宿っていた。風も空気も光も生きものだった。まさに天地は有情（生きもの）で満たされていた（池のフナの例を思い出してほしい）。その生きものたちへのまなざしを「花鳥風月」と称したのではなかろうか。

現在では「花鳥風月」とは趣味的な画材や鑑賞の対象だという誤解が定着しているように見えるが、花鳥風月とは、「自然」が輸入される前の伝統的な生きもの世界の内から見た総称であった。

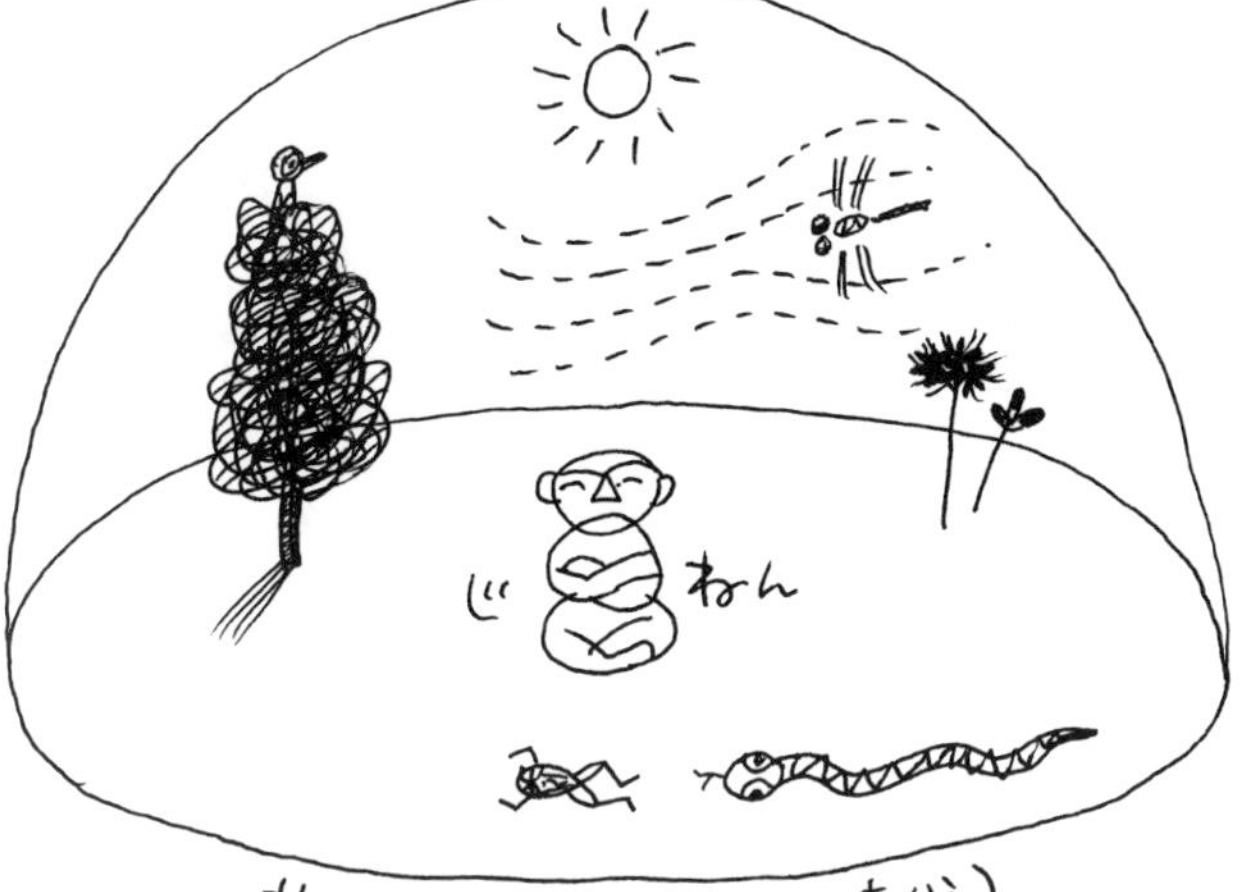

昔(自然を知らなかった時代)

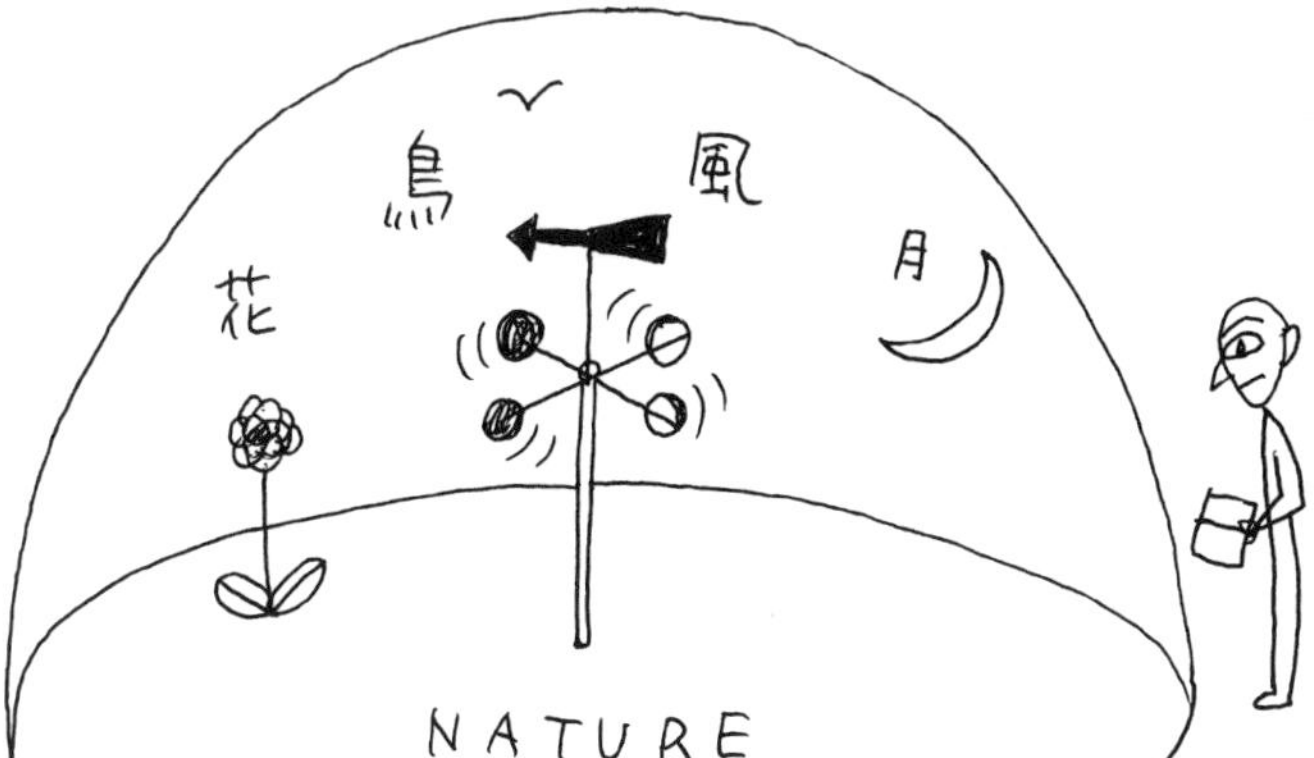

現代(明治中期以後)

自然と花鳥風月のちがい

先年亡くなった農と自然の研究所の理事でもあった森清和に「自然は好きだが、自然と言った途端に、自然の外に出てしまうのが哀しい」と言われて、私はハッとした。その後、彼は自然に代えて「花鳥風月」を使い出した。

私たちが安堵し、癒されるのは、「自然」を外側から眺める時ではなく、「花鳥風月」と一緒にいるときだ。花鳥（生きもの）の一員として、風月（これも生きもの）の中で、花鳥風月と向き合うときに、自然という概念を忘れ、自然の一員として自然の中に入ることができるからだ。自然そのものになりうる、と言ってもいい。自然の外に立ち、自然と対立する人間ではなく、自然の一部として、自らも自然になってしまうから、「安心」が得られる。

私たち百姓は百姓仕事の最中には全てを忘れて生きもの相手の仕事に没頭している。自然に埋没し一体化している。ところが百姓仕事の手を休めると、我に返る。さらに畦に腰掛け、花鳥風月（自然の風景）を眺める。風景を眺めるから、心も体も休まる。しかし、それは自然と一体になっているという感覚が残っているから感じることができるのだろう。その証拠に仕事に没頭しているときは、自然と一体になっているという感覚すら忘れている。自然への没入から醒め始めたときに、一体感が感じられ、風景が生きもので満たされていることを感じる。それを味わっていると思うときに、それは花鳥風月として見えてくる。

これは前にたとえ話として語った「池の中のフナ」の立場である。

じっとトンボを眺めている、メダカの泳ぎを眺めている、涼しい風に眼を閉じている、そういうとき私たちは、自分を忘れ、家族を忘れ、悩みを忘れ、過去を忘れ、つまり自我を忘れているかのような心境になってしまう。ほんとうに忘れたら、それすら思い出せないだろうが、完全に我を忘れることなく、我を忘れたかのように、その世界と一体化する習慣はいいものだったろう。それが花鳥風月を詠う芸術として表現されたので、花鳥風月とは芸術用語だと勘違いをしているが、かつて西洋由来の「自然」という言葉がなかった時代には、自然を内側から見た姿として「花鳥風月」という言葉があったのである。こうした伝統が、近代化を経た後でも、むしろ近代的な自我が生まれた後、なおさら重要になったということをどう考えたらいいのだろう。

自然破壊のほとんどは、近代的な人間の欲望の達成によるものだ。そのことへの批判と対案が、新たな「花鳥風月論」として出されていると見るべきだろう。したがって、近代後の花鳥風月は、前近代の花鳥風月とは異なるのである。

近代化が目指したものは、つまるところ「カネ」や「効率」だった。同時に、それを求める精神として、「個人」や「自我」の確立が重要視された。ところが、人間の自我が前面に出てくると、犠牲になるものも少なくなかった。その代表が「花鳥風月」だった。現代人は言う。「自然は大切だ。自然は守らなくてはならない」と。しかし「花鳥風月」と聞くと、「趣味の世界は別のところで、同好の士と語ってくれ」と馬鹿にする。いつの間にか、私たちの中では、「自然」と「花鳥風月」は、別物になってしまっている。近代化以前には、トンボやメダカや彼岸花として親しんだ風物が、確立された近代的な個人の自我にとっては、「自然」と認識される。この冷静さと冷やかさ、客観性を、私の友人森清和は嫌ったのだ。つまり近代化された自分の冷たさへの自覚が、私たちを「花鳥風月」へと誘うのだろう。花鳥風月とは、人間をも含む。人間もその一員として、その対象に向き合い、没入していく。赤トンボの群れ飛ぶ姿を見つめながら、自分を忘れてしまうひとときがあるだろう。近代人はこれを「癒される」と表現するが、近代化される前の日本人は、花鳥風月と共に過ごしたのである。「自然」など、意識することはなかったし、その必要もなかった。ただ眼前には、赤トンボがいるだけだった。

私たちは「自然」と口にした途端に、自然の外に立ってしまう。そうなのだ。自然を語る、その場所は自然の外にあり、そういう位置は近代日本人が獲得した新しく重要な位置なのだが、そればかりではいけない。トンボやメダカや野の花を、自然としてみる見方ばかりではなく、花鳥風月として共に過ごす空間を身近に確保したいと思わないだろうか。

ここに、農の醍醐味がたしかにある。まさに百姓仕事とは、花鳥風月とつきあう生き方なのだ。

花鳥風月では歯が立たない

風景は経済に負け続けている。その理由は、風景や自然が自然にそこにあるもので、タダであった時代の伝統に悪乗りしているからである。つまり花鳥風月にカネを払うのは無粋であり、異常であるというかつての「自然観」を悪用している。現代では、私たちは「自然」という視座を獲得し、花鳥風月を外から、自然として見つめることができる。もちろん、旅行の最中には花鳥風月にどっぷり浸かることはあるにしろ、ふと我に返れば、それらの自然と人間の関係を意識することができる。そしてそれらの自然を守らなければならない、と思うこともできる。花鳥風月の世界は大切だ。花鳥風月と自然の間を自在に行き来する能力を現代人は身につけなければならない。しかしそれを悪用する勢力の前では、きっぱり断言しなければならない。花鳥風月では、風景は守れない。

そういう意味では、風景よりも「景観」を持ち出すことによって、風景や花鳥風月を守っていこうとする運動の方が、たしかに現代的なのかもしれない。それは都会の風景ではより痛切に感じられるのかもしれない。このことは「景観法」を論じる時にもう一度考えたい。

自然の再定義――農業と自然の関係

自然の発見

旅行者は田畑や村のたたずまいを最初から「風景」としてとらえる。旅行者としては普通の感じ方である。それは「世界を外から眺める」からでもある。しかし、そこに住んでいるものにとって在所の世界は、ありふれた「ただの風景」であり、美など感じることもなく、そもそも「風景」として意識して眺めることはない。そのように思える。しかし、ほんとうはそうではない。そこに生きているものは、旅行者ほど「風景化」することはないが、旅行者とは異なる内側からの「風景化」を行っているのである。しかし、それはほとんど語られることはない。数分もすれば忘れていくものである。

これは「自然」の構造によく似ている。百姓は百姓仕事の中で自然と向き合い、自然の中で、生きものの一員になりきる時がある。その時は、自然を意識することはない。そのことを語ることもない。しかし、自然の外に出ることが多くなってくると、自然とは外から語るものだということになってしまった。

私は、人間の手が入った自然の方が（それを自然と呼ぶのはおかしいという批判はものともせずに）美しいし、好ましいし、安堵できる自然だと思う。自然と一体になることができるからだ。日本には原生自然などほとんどないし、あっても私は一生に一度も行くことがないだろう。私の自然観は、そういう原生自然とのふれあいで形成されたものではなく、ありふれた田舎の自然とのふれあいで身につけたものである。「自然を守りたい」と私が考える時の自然とは、田んぼや畑や里山に代表される在所やその辺の自然である。問題はその自然を私たちは内側から表現しなくなったことにある。

風景という言葉も似たような経緯をたどっているような気がする。生きものの一員として、自然の中で暮らしていた人間が、人間だけがその世界から抜け出し、人間以外のものを見るようになったときに「自然」という言葉が生まれた。同じように、眼に映るものは生きものばかりだった世界にどっぷり浸かって生きていた日本人が、その世界から身を引き離して、外側から見るようになったときに、「風景」は生まれた。それまでは、ここという在所の世界があり、いつも人間はその中で生きていて、眺めるものはいつもつきあっている生きものであり、田畑や川などの世界でしかなかった。

したがって「自然」という見方を教えられたから私たちにも「風景」をことのほか意識するようになったのである。風景とは世界を外から見ることから始まったからだ。しかし、まだ在所に埋もれていた時代の名残も引きずっていた頃は、風景から立ちこめてくる情感も色濃く、常に「風景など見てないで、戻っておいでよ」という引き戻しもあっただろう。ところが最近の流行の「景観」には、美意識はあってもそういった情感はなくなっている。

日本では「景観」が都市工学から生まれて、受け入れ始められたことは、象徴的なことのように思われる。「風景」と言うときには、まだ自然のことが思い浮かぶのに、景観と言うときには都市景観も当然のように含まれてしまうことが、その証明になるだろう。もともとLandscapeという一つの言葉だったのが、風景と訳され、やがて景観という言葉が受け入れられ、風景に置き換わって景観が幅をきかせてきている日本の現象は、農業にとってはかなり危険ではないかと思う。

日本語の「風景」には、人間が自然の一員だった頃の名残がある。その自然に没入していては、風景は見えない。そこから身を引き離して、仕事の手を休めて、改めて仕事の跡やその世界の様子を表現しようとしたときに、風景化が行われる。風景とは「自然や世界や現前の様子を風景化した後の、対象と自分との間に立ちこめる情感を投影した自然の表情である」と定義してもいい。それに対して「景観」の定義を「単なる眺め・画面」とするのが一般的になったのは、風景に含まれる情感で景観が踏みにじられるのが嫌なのだろう。風景にはそれを見る人間の情感が欠かせないが、景観には人間の情感を排除した冷静さが似合う。

自然と風景の連動

風景が自然の表情を情感でとらえたものだとすると、自然の定義を変えれば、風景の定義も影響を受けるだろう。私は人間と自然の二分に立脚する自然ではなく、人間も含んだ自然への回帰を画策しているので、紹介しよう。

下の図は「人為が拡大すれば自然が減少する」という西洋由来の自然観をよく表現している。そして現代日本人の自然観に近い。ほとんどの人が【1】の場所「自然が一〇〇%のところ」、つまり原生自然を最も価値のある自然として認め、「田んぼ」は都会人は【2】「人工よりも自然が多いところ」と答える人が多

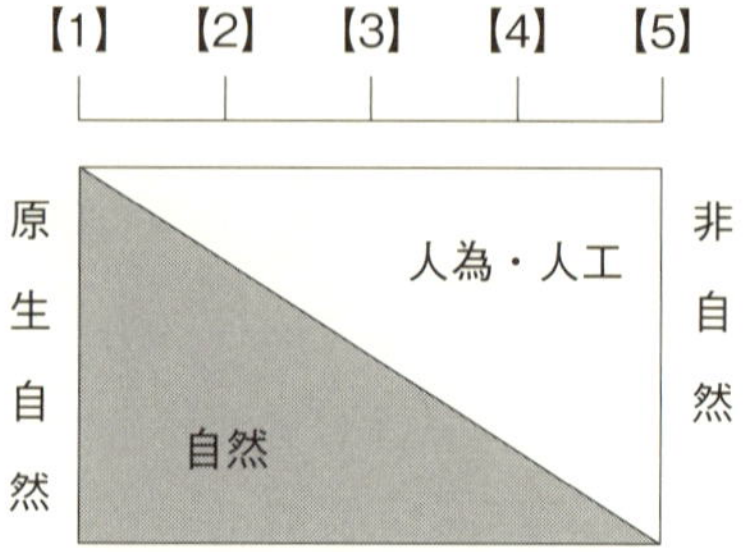

図　現代人の自然観の図示

く、百姓では【4】「人工が自然よりも多いところ」と答える人が多い。しかしこの図の自然観だと、人為と自然は対立し、農業は自然破壊的だということになる。しかしそんなことはない。自然に働きかけて手入れすれば、自然はより豊かになることも多い。それがもともとの農であり、私たちが目指す農であるからだ。つまり、このように自然と人為を分ける世界認識には相当の無理があるということだが、そもそも自然という概念はこのように人間と自然を分け、人間や人工以外を自然と定義しているのだから仕方がない話なのである。

私はこの図のような自然観を破棄して、（1）自然と人為をきっぱり二分するのではなく、その境界は曖昧にすれば、自然と一体になる時も表示できるだろう。また（2）農という人為が拡大すれば、自然が少なくなるのではなく、自然もふくらむイメージを提案したい。こうなると自然も人間の外側にあるときばかりでなく、人間と一体になり、人間を包み込むことが多くなるだろうし、人間も自然の中に戻りやすくなる。また自然と人間の関わり方（百姓仕事）がよく見えるようになるだろう。

それでは、このように現代の自然観を再構築した後の風景とはどうなるだろうか。風景が自然の表情だとすると、（1）自然の中の百姓仕事の跡を見つけることが積極的に肯定されることになり、農の風景は輝きを増すだろう。しかし一方、（2）風景よりも前風景、世界に意識が向いていくかもしれない。それは、百姓はもともと風景を自然の表情としては見てこなかったという伝統に近づいていくことかもしれない。こうなると風景が消えていく。景観とちがって、風景とはこういうものなのである。

これだけでは困るから、私は自然に埋もれていくことから引き返す道として「風景化」を本気で提案しているのである。

「景観」と「風景」のちがい

風景と景観の違い

西洋では一つの語なのに、日本ではまず「風景」と訳され、一時は「風景」が主流だった。ところが最近では「景観法」などでわかるように「景観」が主流になりつつある。それはどうしてだろうか。夕焼けを例にとって考えてみよう。

①「夕焼けの風景」は、それぞれに思い出を喚起して、語り方は百人百様になる。亡くなった母を思い出す人もあれば、夕空の赤トンボが忘れられない、と言う人もいるだろう。このように思い出を喚起するだけでなく、様々な思いを誘う。それは「風景」という言葉がなかった頃の濃密な世界観をこの「風景」という言葉が引き出しているからだと私は思う。だからこそ、この言葉は特別な言葉として、日本語の中に定着したのだろう。

だからこそ、近年では「風景」という言葉は煩わしい、と感じるようになったのではないだろうか。個人的な感慨を排して、もっとニュートラルな普遍性をもった用語はないだろうかと、研究者や行政者は考えたのではないだろうか。そこで「景観」が登場する。

②「夕焼けの景観」はまず、色相や明度などの変化で表現できる。たぶん、夕焼けの風景は人類が滅びるとなくなるが、夕焼けの景観は残るかもしれない、と思わせる。なぜなら「夕焼けの景観」は「夕暮れ時の西の空が赤くなる現象」と言い換えがきくからだ。このように、景観は人間の情感を近づけまいとする。

もっとも、実際には風景と景観はこのように厳密に区別されずに、混同されて使用されている場合の方が多い。でも、風景と呼ぶには違和感がある場合が多くなったからこそ、景観という言葉が提案されたのは事実であろう。

西洋の定義

私たちは「科学的」な見方が普遍的だと思っている。そして、情念を「主観的」な見方、個人的な見方として、軽視する。つまり客観と主観、理性と感性を分けてしまうことに慣れすぎている。しかし、青々とした田んぼを見て、気持ちがいいと感じるとき、いくら稲の葉を科学的に分析してみても、原因は見つからない。またそのときの私の感情をのぞき込んでも原因が見つかるわけではない。しかし、青田は心を弾ませてくれる。それは、理性と感性が分離していない状態で、体全体で感じているのである。青田自体が気持ちがいいのである。

下流から見た私の村（とりたてて、何も言うことはない、と私は思う）

私たちは、自然を見つめる時に、科学的に分析的に見つめているわけではない。眼の前の存在を丸ごととらえているのである。それなのに他人に語るときは、すぐに「科学」を持ち出す。そういう教育を受け、そういう社会で育つと、ものの見方が薄くなる。さて問題は、これが農業観や自然観にどういう影響を与えてしまったかということである。そのために、「自然を守る」と言いながら、ますます自然の情感から遠ざかっているのではないだろうか。さらにやっかいなことに、その自然保護の方策や施策や思想は、物質・物体としての自然の保護に傾斜してしまったのではないだろうか。

こういう事情をふまえた上で、景観と風景のちがいをもう一度、次のように整理したい。もともと自然と人間を分けていた西洋では、人間は人間の外に風景を眺める。一方昔の日本人は人間も自然の一部であったから、自然という概念を形成することがなかった。したがって、風景は人間を含む世界であり、人間を包む世界の有様であった。

まだわかりにくいだろう。例を挙げてみよう。

【景観の表現の例】

「その村の景観は、細い水路から灌漑される不規則な区画の水田と、その周囲に配置された木造瓦葺きのひとまとまりの集落と、その背後にみかん園と常緑樹の里山、そして杉林がセットになっている」

【これを風景にすると】

「私の村は、壊れやすい長い水路からかろうじて水を引いている小さな田んぼが多く、家はそのまわりに、山肌にへばりつくようにして建てられており、もとは茅葺きだったが現代では一軒を除いて瓦葺きになっている。村の裏にはみかん園が開かれたが、半分は荒れ果てて竹林になってしまったところもある。杉林はどうにか間伐や枝打ちがなされて、落ち着いたたたずまいは失われてはいない」

このように景観は外から眺めるものであり、風景は情感で感じるものであろう。ただし、いずれも表現可能なものであり、表現が要請されているところが近代的な概念である証拠だ。

ちなみに、風景以前の様子をあえて表現するなら、

【風景になる前は】

「雨が降らないので、水路の水が減ってきた。漏れているところを直しておかないといけないな。稲の育ちは順調だが、オタマジャクシがえらく水面に浮かび上がってくる。水不足が心配だ。隣の家の瓦が猿に落とされたというが、軒先だけだな。あのみかん園も爺さんが足が不自由になって、手入れが行き届かなくなった。今年はずいぶん真竹が入ってきたな。そろそろ山の杉も間伐しないといけないが、どうしたものかな」

稲はなぜ景観作物ではないのか

「景観作物」という言葉はいつ頃から登場したのだろうか。古い言葉ではない。まずそれはレンゲ畑から始まった。特に減反政策のメニューの一つになったからである。次に菜の花やコスモスやヒマワリが加わってきた。さらに畦のシバザクラやアジュガ（西洋十二単）にまで広がってきた。景観作物とは「農村の景観を豊かにする作物」なのである。

彼岸花は景観作物とは呼ばない。なぜなら作物ではないからだ。しかし、あれも以前に百姓が植えたものだから、作物と言っていいのだが、そう言わないのはなぜだろうか。作物とは百姓が土を耕し、肥料を施し、種を蒔き、手入れをし、収穫するから作物なのである。景観作物の場合は実ではなく（実だけではなく）花の美しさを実らせ収穫してきたと考えれば、立派な作物である。しかし、彼岸花だって、植えて、畦草刈りで手入れし、花の美しさを収穫してきたと思うわけにはいかないのか。それなのに彼岸花は作物ではなく、自然の一部になっているから、作物ではないのだ。彼岸花の美しさは景観美ではなく、風景美だと言ってもいいだろう。

ここに「景観」と「風景」（自然美）の違いがよく現れていると思う。さらに畦のキンポウゲやジシバリやアザミやツルボやヨメナの花は、自然の風景そのものになっている。コスモス畑やヒマワリ畑は観光名物になり、見学者がやってくるが、畦の花を観賞するために田んぼを訪れる人は、ほとんどいない。

作物も「景観作物」として、景観創出を目的にして栽培されればすぐに「風景」になる。最初から「風景化」が図られているから当然のことだろう。同じ作物でも稲や野菜の場合は、意識して「風景化」しないと風景にはならない。稲だって、野菜だって、結構美しいものなのに、「景観作物」にはならないのは、稲や作物を風景化する習慣がないだけの話である。コスモスやヒマワリは風景化を伴って栽培され始めた。彼岸花やレンゲはこの両者の中間にある。

景観と風景の違いの一つの例を見てもらった。

「景観法」への違和感

「風景」で守るのか、「景観」で守るのか

景観と人間が一体となった風景では、風景を守ることができない、やはり、風景を一人一人の人間の情感・情念から引きはがして、客観的な視線で「景観」としてとらえないと、風景も守れない、という考え方が説得力を持ったからこそ「景観法」も制定されたのであろう。

たしかに、法律で規制することは、現代社会では有効なことであろう。規制するためには、客観的な基準が必要になる。だから「風景」よりも「景観」を重視するというのは、本末転倒であるような気がするが、都市の実情はそんなことを言っておれないほど深刻なのだ。

近代化される前は、景観の破壊はなかった。あったとしても徐々に進む変化でしかなかったろう。

田舎よりも都市の方が近代化は先に、激しく進んだ。農村は近代化をなかなか受け入れなかった。それを遅れたように言う国民が多いのは、近代化を肯定し、まるで「文明開化」のように教育した国民国家の最大の成果であろう。なぜ農村では近代化が遅れたのか、その理由は簡単だ。近代化しなくてもよかったからだ。いや近代化してはならないものが多すぎたからだ。それは前近代的な仕事とくらしの魅力が捨てがたかったからである。

農村では、近代化するにしても近代化される前の仕事やくらしの規範を引きずってきた。一例を挙げれば、なぜ畦への除草剤撒布は近年になって始まったのだろうか。とっくに田んぼの中では除草剤をもう五〇年前から撒布していたのに。「それは畦が崩れやすくなるから」という機能だけでは説明がつかない。たぶん畦の世界（風景）の心地よさを除草剤が壊すからである。その証拠に田んぼの中なら、草とりの成果と除草剤の成果は似ているし、稲が繁ってくると稲の間の草が枯れていることは見えなくなって、百姓の情感を壊すこともなかったからだ。

都市では、そうはいかなかった。なぜここまで簡単に近代化できるのか不思議なくらいに、都市の近代化は進み、都市の風景は完全に変化してしまった。そしてその変化は未だに進行中である。各地の都市で進行中の高層ビル化はなぜ歯止めがかからないのだろうか、と田舎に住む私は不思議でならない。

日本の都市には規範がなかったのだろう。西洋の都市には中世以来の規範があるそうだ。西洋の都市が美しいのはそのためだろう。多くの都市が昔のたたずまいを文化遺産としているぐらいだから。したがって、新しい都市建設の規範、都市景観の規範を作らなければ、無秩序で醜悪な都市になってしまうという危機感も早くから生まれたのである。ここが、近代化を西洋から輸入した日本とは大いに異なる。

それほど、都市計画法や建築基準法などの法律の規制があまりにも緩すぎたのであろう。景観法は、長年の各地の町並みの美しさを守ろうとする運動の高まりによって、制定の要求がなされ続け、やっと二〇〇四年に誕生した。

景観法はその目的を第一条に明記している。「この法律は、我が国の都市、農山漁村等における良好な景観の形成を促進するため、景観計画の策定その他の施策を総合的に講ずることにより、美しく風格のある国土の形成、潤いのある豊かな生活環境の創造及び個性的で活力ある地域社会の実現を図り、………」

そして景観行政団体（おもに地方自治体）が、良好な景観の形成に関する計画（景観計画）を定めることができること（第八条）、農業振興地域内では、「景観と調和のとれた良好な営農条件を確保するため」景観農業振興地域整備計画を定めることができること（第五五条）。そして景観計画区域内では、その全員の合意により、良好な景観の形成に関する協定（景観協定）を締結することができる（第八一条）としている。

「景観協定」では、建築物や工作物、屋外広告物の規制ばかりでなく、農用地や樹林地や草地の保全や利用についても取り決めができるようになっている。

今後この「良好な景観」に、ありふれたただの風景を入れていくためにも、「景観」概念の深化が必要だろう。私は、都市での取組みを見守りたい。

国家による景観の保護

そこで、農村景観保全の法制化の先駆例をドイツに見てみよう。「ドイツ連邦自然保護及び景観保全法」の第五条の改正条文（二〇〇二年）には目を見張るものがある。（　）内は横川洋による訳注、［　］内はドイツ連邦環境省による解説。

第一項：自然保護と景観保全の措置を取るに当たっては、農耕景観とリクリエーション景観の維持に対する自然調和的、景観調和的な農林漁業の特別な意義が考慮されなければならない。［ドイツ国土の半分以上が農地として利用されている。それゆえ、自然と景観を保護しようと思うならば、自然と景観に調和的な農業活動が重要である。農業の生産方式は自然収支（＝エコシステム）を侵害するが、同時に、自然と景観に調和的な農業活動に依存しているビオトープも存在する］

第二項：各州は、農林漁業における利用制限に対する補償に関する規則を制定しなければならない。（補償直接支払いは各州の州法で規定することを意味する）

第三項：各州は、ビオトープのネットワーク化に必要な線的な形と点的な形の要素（緑の構造物、とくに生け垣、圃場の畦、ビオトープ）を決定し、もしこれらが最低限の密度以下でありそのような構造物を設置しなければならない場合は、適切な措置を取らなければならない。（計画法による義務、長期的な契約、助成プログラム、ないしその他の補償）

［過去数十年間において、集約された農業は、豊かで、生態的に価値のある農耕景観を単調な生産景観に変えてしまった］

第四項：農業は農業に適用される規則及び連邦土壌保護法第一七条から生じる要求の他に、とくに以下の「適切な農業活動原則」を遵守しなければならない。

その内容を要約すると、（1）農業活動は立地に適合的に行わなければならない。（2）現存ビオトープの損傷は禁止される。（3）ビオトープのネットワークのために必要な景観要素は、維持可能な場合は増やさなければならない。（4）農地の自然的要素（土壌、水、植物相、動物相）は、持続可能な収穫の達成に必要な程度以上に損傷してはならない。以下略。

［新しいドイツ連邦自然保護及び景観保全法は、自然保護及び景観保全と農業の関連を新しく規定した。とくに自然保護と景観保全の観点から、「適切な農業活動」に関する最低限基準を規定した。この規定は「農業転換」の主要な支柱であり、生態学的な方向をめざす農業を助成する］

現在の日本にもある自然環境への「適切な農業規範」（GAP）はあってもなくてもいいような規定に過ぎないし、それ故に何の反発も引き起こしていないが、ドイツでは各州で明確な基準が定められているばかりか、景観への配慮まで規定されてきている。気づいただろうか。ドイツでは農村全体をビオトープとしてとらえているのである。一方の日本では農村景観は議論の俎上にすら登っていないのである。農業技術による自然や景観の損傷や、百姓仕事による自然や景観の保全はまだ真剣に議論されていない。ここでは、景観に焦点を絞って考えることにするが、守るべき景観は次第に明らかにできるだろうが、守るべき風景は、各人それぞれに異なるから議論できない、という指摘は正しいだろう。だからこそ、風景ではなく景観をとりあげるという方法も正しいだろう。問題はその先である。どういう景観を守るのか、を考えるためには、その景観と百姓仕事、百姓暮らしの関係を問わなければならなくなるだろう。ところが、景観をすでに風景から分離し、美的基準もその中にあるとでも思っているような態度では、困るのである。何が困るのかと言えば、美的基準は景観の中にではなく、それを眺める人間の中にあるからである。

ここでは論点を風景と景観の違いに絞ることにする。この日本で、百姓に限らず日本人の見方を、風景から景観へと移行させることの是非を誰も論じないのがおかしいと思う。景観を昔からそこにあるものかのように考えるから、議論が成立しないのだから。

風景から景観へ

一応、風景の荒廃を押しとどめるためには「景観」概念の成立が不可欠だという言い分を認めよう。そのためには、自然をまるごととらえる風景ではなく、主体（人間）と客体（対象）を分離する二元論を採用すれば、すぐにできるかのように、科学者は思いがちであるが、そうだろうか。対象である画面を客観的に分析して、時代の主流である美意識をあてはめて、評価すればいいということだが、そんなに簡単に風景から景観に移れるのだろうか。その証拠に、この風景から景観への移行を論じた論文はほとんどない。ちなみに、本書で論じている「風景化」とは、世界を風景として認識する方法であって、二元論には向かっていない。それでも風景化によって、ずいぶん自然と人間の距離は遠ざかったことが気がかりですらある。遠ざかったからこそ、風景の美しさが議論できるようになるのである。田舎に遊びに出かける意味と価値が認識できるようになったのである。

それをさらに、景観にしようというのである。まさに景観化はそこまで行き着くのだろうか。多くの現代日本人には、最初から風景が風景としてそこにあったかのように錯覚する「風景化」が進んでいる。それほど自然を旅行者のような視点で見る習慣が浸透してしまったが、同じように、最初から景観も客観的な眺めとしてそこにあるかのような前提で議論が始まるのは、大きな危険を冒すことになる。それは、美的尺度を、外部からあてはめることになるからだ。このことが「景観法」や「景観条例」への違和感の根底にある。

景観が風景よりも、近代化に対抗する武器として有効な理由は、それが「機能」として説明できるからだろう。しかし風景を支えているものを機能として分析していく手法は、仕事を見つけて、世界観の構築につなげていく私の方法とは対極にあるように見える。

風景化を通過できない限界

こうして風景を「構成要素」に分解して、景観として再構成することによって、農村の美しい風景を保全しようとする「方法」は、決定的に「風景化」を忘れている。すべての風景が、風景化も経ずに、最初から意識された、価値のある「風景」として、そこにもともとあるという前提で、ものを考え始めている。だから、百姓仕事や百姓ぐらしや人生と無縁の「構成要素」を振りかざせるのである。外部から無造作に持ち込んだ「要素」で、画面を分解できるのである。この無神経さはどこから生じるのだろうか。「旅行者」の視点で、本人たちも気づかないうちに「風景化」を済ませているからである。したがって、在所の人間からの「風景化」にはまるで無頓着になる。

何も知らない旅行者にとっては、竹林の猛威も黄緑色のさわやかな色彩と適度な配分を占める構成要素として、村の美しい風景なのであろう。その程度のまなざしであってはならないだろう。

景観法への百姓の反応

そこで、百姓の景観法や景観条例に対する反応を見てみよう。

アンケート結果の紹介

【都会のように「他人の看板を立ててはいけない」「家の壁には5㎡以上の宣伝をしてはいけない」「外壁はけばけばしい色ではいけない」というように、景観条例で規制する方法は、田舎でも有効だと思いますか？】（設問No.14）

これも解釈に困る設問だったようで、肯定的な意見が多数を占めたものの、何を規制するかは議論が始まってもいない、と言うべきだ。人工物に対しては有効だが、営農に対する規制には疑問を感じる人が多かったようだ。**【　】**内は私が後から分類したもの。（　）内は私のコメント。

【賛成派】

：有効だと思う。（これが多い）

：有効である。特定の地区は保存地区にする

：有効。カネを求める心、物欲は都会も田舎も共通なので

：実際、私のところは、田園地帯景観形成住民協定が結ばれて10年以上経過しました。10年先はわからないねと不安をかかえながらの締結でしたが、今のところみな守られています。ただ今後の10年はわかりません

：そこに住む人たちがこれから先も今のままの生活環境で暮らしたいと願い、そのために行動し、景観条例を作成するならば、とても有意義なことだと思います

：有効。とくに外壁のけばけばしさ絶対反対

：田舎にも景観条例があるといいなと思います。ありふれた風景は守らないと失われることを知ってほしい

：田舎こそ、規制すべきだと思う

：有効だと思います。同時に直接支払いで保護すべき。日本は農業農村のソフトを守らなさすぎる。でかい農免道路は不要

：マンションの建設に歯止めをかけるために必要です。このままではビルの谷間で野菜をつくること

になります ：多少は有効ではないかと思います。田園風景の中にカラフルなコンビニや大きなビルが建てられることを防ぐひとつの手段になるかなと思います ：有効だが、公費による助成措置が必要 ：ある程度は有効だと思う。やたらめったらな開発とか、ゴミの問題は条例で規制してほしい。でも、もっと豊かな積極的な動機づけが必要だと思う。田畑を維持している農のくらしの新たな価値づけが大切だと思う ：田舎は決まり事は守る方だが、その守る人間がどんどんいなくなれば、結局できない ：最近の人はむやみに条例を作りたがるが、話し合って良い条例を作るべきだ ：私の住んでいるところは、（歴史的なところで）規制が多くあります。7年前に納屋を建てましたが、風景にあうようにと考えて建てました	**【肯定的だが疑問も】** ：規制は必要だが、守られないと思う。現に田舎には不法投棄も多い ：景観条例というよりも、その地域の約束事は一番有効だと思う。そこに住む人がどうなのかが大切 ：規制がよいとは思わないが、田畑への空き缶、空き瓶の投げ捨てには困っている ：物議を醸す（議論を呼ぶ）ことはよいと思うが、有効かどうかは不明 ：表面的には有効だと思う。外観の問題かと、片付けられてしまうのがこわい ：農の風景は一人一人がつくるものであることから、条例で規制するよりも、個人の意識変革が必要。ただし、除草剤の規制は賛成 ：線引きによって、有効にも無効にもなる気がします ：有効だとは思うが、そのような規制がなければ景観にふさわしいかどうかの判断ができない日本人は情けない

：なるべくなら看板は立てない方がよい
：植物と動物の全体会議あるいは代表者会議を開催し、議論し、決定し、実行は人間

【ここから下はかなり否定的】
：不要、いらない
：条例を作っても無理、効果はない（これも少なくない）
：野焼き防止は、条例で規制された成功例だが、やってもやらなくてもいい仕事との認識でなくなっていったのだと思う。たとえば、畦に除草剤を使ってはいけない、というのはどうか。畦を草がないようにしていくことは必要なことだが、年3～4回の草刈りは大変だ。その人の労力によるものだから、条例はそぐわないと思う
：景観で規制する前に、規則を定める人が農作業を実際に何十年も実践してもらいたい。守りたくても守れない現実があるとおもいます
：地域住民の意識改革ができないとうまくいかないのでは？
：規制しなければ守れないのは残念
：将来はわかりませんが、いまの段階では無理だと思う
：そもそも数値化したり、「決まり」で区切ることに無理があると思う
：自治体などが一律に規制するのは無理を生じさせると思います。遠回りでも、安心して百姓仕事を続けられる環境をつくることが大切です
：法律にしないとわからない人が増えているが、農村はそうであってもらいたくない。それは我々の仕事でもある
：あまりにも対症療法すぎて、根本的な解決にはならない。地産地消をさらに進め、顔の見える関係や相互訪問の状況をつくりたい。その先に有機循環農業を基盤とする循環型社会のあるべき百姓の理想像も見えてくるのではないか
：条例での規制までは必要とは思わないが、各自のモラルで他人に

迷惑をかけないように ：人が作ったものでなく、自然が作る風景なので、規制するものではない。規制できるものではない ：必要ない。田舎ではそのようなことをしない ：最初は有効かもしれないが、意識が浸透すれば、そのうちにそん	なものは必要にならないぐらい当たり前のことになるだろう。何故なら、そのほうが心地よいから

風景を破壊する人工物（例えば田んぼの中の看板）に対する規制には、多くの百姓は肯定的だ。それは、田んぼという耕地に、農業とはほとんど関係ない看板を立てて、カネを得ている事への嫌悪感が理由の主なものだろう。所有者が所有権を盾にして「オレの勝手だ」と主張しても、風景が共有財産だという意識が強まってくれば、制限する事への理解も得られるだろう。

ところが、田んぼの百姓仕事の風景をどう守るのかということに対しては、事は簡単ではない。たとえば田んぼの畦への除草剤撒布という行為を、景観破壊だとして規制しようとする条例ができたとしたら、賛否両論が巻き起こるだろう。断っておくが、これらの回答者はほとんど自分自身は除草剤を撒布していない百姓である。これはどうしてだろうか。

外部経済と外部不経済の境界は、何よりも（1）除草剤撒布による労働時間短縮効果と、（2）景観保全効果を天秤にかけることによって、その時代が確定することになる、と言えるだろうか。こうした天秤にかけることすら、行われていないのである。なによりも除草剤撒布が景観破壊だとどうしたら証明できるのだろうか。コンクリート水路だって、農道の舗装だって、何よりもトラクターやカントリーエレベーターだって景観破壊だという議論はなかったではないか、ということになるだろう。もちろんそれを今からやらねばならないから、大変なのだ。

風景への情念

その際の切り口は、景観の分析ではなく、風景に対する情感・情愛を問うしかない。言葉を換えれば、農村の風景を構成している生きものへの情感と自然への情愛を引っ張り出すしかない。

景観とは、風景化を通過して、風景として眺められ、さらにそれを景観として、分析し、表現評価した挙げ句の姿である。したがって、規制する対象が明確になる。明確にならなけ

田んぼの中の看板

れば、規制のしようがない。たとえば「看板の大きさは縦一メートル、横五メートル以内にする」という規制は、それ以上の大きさの看板は景観の一部として違和感を与えるという基準が支持されるから成り立つだろう。また「ビルの屋上には看板は認めない」という規制は、町並みの景観の美しさに対する合意がなされれば、当然のことだろう。さらに「他人の看板は立てさせてはならない」という規制は、所有権よりも景観を大切にする価値観が生まれてきていることを証明している。

ここには、都市の風景がやっと風景化され、町並みの美しさという表現の仕方を獲得した結果がある。景観とはそういう運動を導くものとして使用されてきたことに、私は敬意を払いたい。農村の風景でも、都市物である看板や電柱や車道や建物は同じように、規制していく方法が有効だと思うが、田畑や山の風景はそうはいかない。つまり、未だに風景化できずに、あたりまえのようにそこにある風景は、規制になじまない。

何よりもそれは、伝統的な仕事やくらしの近代化と連動している。つまり遅れて近代化されてきた農村は、それだけ近代化を問う取組みも遅れている。農薬とりわけ除草剤を使用しない農業は、食べものや百姓の自身の安全性を追求する農業技術だという理解はあるが、風景を壊している技術だという理解がなされていない。一九〇ページのアンケート結果でも明らかなように、畦への除草剤が風景を壊しているという認識によって「風景化」は始まってはいるのだが、それが個人的な情愛でしかないとして社会化されていない。このように、農業における近代化は個人と村の情愛を破壊する構造を持っているのだが、それに対抗する風景論の構築が遅れているのである。

それは都市よりもさらに根が深い理由がある。自然がタダであるかのように、風景もずっとタダで提供されてきて、その価値をとりあげて考える伝統がなかったからである。とくに近代化精神の体現者は、日本ではこの自然や風景の価値を意識的に顧みなかったからこそ近代化が成功したことに未だに気づいていない。

行政による規制と支援

たしかに田舎の風景も荒廃が進んでいる。なにより田畑の中の異様な看板などは、景観法や景観計画で規制すべきだと思う。もちろん地域での議論を詰めた上でないと、傷を残すだろう。問題は農業生産のための近代化施設や近代化された田畑や水路、道路をどうするかであろう。さらに、近代化技術をどうするかであろう。これは、簡単ではない。

私は二つの方法があると思う。ひとつは、近代化されたものは近代化された精神で手なずける方法である。法的な規制がその典型である。そのためには、農業生産の中に風景の生産という概念を導入すべきだと考える。その先駆例は先に挙げたドイツの「連邦自然保護及び景観保全法」のように、農村の景観に対しても、国民的な価値を見出して評価することによって、それを壊しているものを規制することであろう。まず自然と風景の評価がなければ、規制はできない。日本ではその評価がほとんどできていない。本書はその評価のための道すじを探るために書かれている。簡単に言えば、百姓が風景を風景化し、表現するところから始めるのである。農村工学は、その扉を開けつつある。

近代化技術をどうするかはさらに難しい課題だ。農村工学の場合は、直接生産に関わることではなく、田畑や水路道路の整備に関する事業が多いから、自然環境や景観への配慮も、直接生産の足を引っ張らずにできたが、風景まで配慮した生産技術は確実に従来の近代的な生産性と対立する。自然環境に配慮した農業技術が未だに未熟な事態と同根である。

この解決には、回り道だが風景を支えている百姓仕事を発見する方法を広げていくしかないだろう。たとえて言えば、野の花を支えている百姓仕事を見つければ、野の花に一顧だにしない除草技術に反省をせまり、伝統技術の再評価と代替技術の形成もすすむだろう。圃場整備で失われた彼岸花をまた植えようとする百姓が増えているが、これは生産技術とは対立しない。彼岸花を植える仕事は農業生産ではないと考えられているからだ。もちろんコストも労働時間もかかるが、彼岸花の風景を風景化して、確実にカネにならないが大切な価値として守ろうとする情念が花咲いていることが嬉しい。

ところが、黄アゲハが舞う風景を守るために、田んぼの中のセリをある程度は残しましょうという呼びかけは、大きな抵抗に遭うだろう。何よりセリを残す技術がない。残したセリと稲が競合して、収量が減ったらどうするのだという反論に、今の政策では応えられない。黄アゲハが舞うただの風景は、風景化しにくいのである。

農村工学の悪戦苦闘

大分県直入郡荻町に「白水《はくすい》ダム」という農業用水を取水する堰がある。じつにきれいな堰堤で、内部はコンクリートだが、表面は自然石で張られていて、その斜面に沿って水が流れ落ちる様は一時間見ていても見飽きない。一九三八（昭和一三）年に大分県の小野安夫という若い土木技師の設計でつくられた。一九九九年に近代化遺産に指定されている。戦後の農業土木は、これ以上の美しいものをつくれなかった。なぜだろうか。

田舎にも人間がつくったものはいっぱいある。田んぼ、道路、水路、井堰、石垣、家屋、神社や寺、鳥居、墓……。かつて、近代化される前は、美など考えなくても美しかったのはどうしてだろうか。「自然の素材を使用していたからだ」と言う。それではなぜ自然素材だと美しいのか、と問われると困るのだ。色相が中間色である、彩度が派手でない、明度がほどほどである、形に曲線が多い、などと科学的に分析していくことになる。それなら、そういうことを考えて、かつての農村の構造物は建造されたのかと言えば、そんなことなど殆ど考えたはずはない。それなのに美しいのはなぜだろうか。

それを美しいと思う習慣が身についていたのだ、と答えるしかない。言葉を換えれば、そこには技術ではなく仕事そのものがあって、情愛が込められていて、決して手抜き（生産性向上や効率化を追求する精神状態）になっていなかったということだろう。近代化とは、百姓仕事に関しては「手抜き」以外の何物でもない。カネと手をかけられなくなっていった「近代化」とは哀しいものだ、と思う。一つの価値を得るために、必ず別の価値を棄てなければならないのだから。捨てた価値のひとつが美しい仕事だった。

しかし、コンクリートや金属や新建材を使用せざるを得ないなら、それなりに美をつくり出そうと農業工学でも考えた。その手法は、景観を構成要素に分解して分析することだ。前述のような小賢しい要素分析が始まった。これこそが、新しい手法であり、近代化を越えていく道だと考えたのかも知れない。

どうして、百姓仕事の中にそうした美を生み出すものがあるのではないか、と考えないのだろうか。それは何だろうか。ところが百姓仕事を「農業技術」と同じものだと誤解している人が多いから、それを見つけることができない。それは技術の中にはないからだ。それは、自然（生きもの）への働きかけから

1938（昭和 13）年につくられた白水ダム。美しい農業用取水堰だ

生じる自然（生きもの）への感謝であり、農産物や生きものを自然からのめぐみだととらえる感性である。その感性は、「効率追求」や「生産性向上」などという志向とは対照的なものである。仕事の美しさとは、その感謝の気持ちがあふれているかどうか、めぐみが豊かであるかどうか、生きものの生があふれているか、仕事の跡が残っているか、ということの反映である。それはそこで自然（生きもの）との交感が嬉しく思われる情感が立ちこめてくることであり、悦楽の表情である。

しかし、何度も繰り返しているように、そういう感性は風景として、表現する必要がないものだった。さらに、仕事の最中には感じることはなく、手を休めたときに押し寄せてくる情感でしかなかった。近代的な価値を追求する精神を手なずけない限り、いくら美的な設計を施しても、必ず近代的な精神が至る所に顔を出し、風景を壊すのは避けられない。

白水ダムの設計者は、水や川を生きものだととらえる仕事をしていたのだと思う。

世界認識の回復

風景から景観への移行の功罪

従来の百姓の経験の記述は、一見精緻な科学の論文に対抗できなかった。現代日本の研究者は平気で「それでは論文にならない」と発言する。そして「科学的な裏付けがない」経験は、信用されなくなってきた。しかし田畑では、科学ではわからないことの方が圧倒的に多い。いかにも科学でわかったような気になっているのは、科学でわかったことしか記述されていないからだし、百姓が経験でわかっていることは科学の力を借りて表現する必要はどこにもないし、論文にする必要もない。

同じようなことが風景と景観にも言える。景観なら、ずいぶん科学的に客観的に記述できるのに、風景はどうしても主観に左右されて、客観的な表現ができにくいと思われている。ほんとうにそうだろうか。景観として表現する必要もないほど、情感がたっぷりつまった風景は抱きしめて生きていけばいいものだからだ。

世界認識を失った近代化技術

百姓仕事にあって、農業技術にないものの最大のものは前にも述べたように、「世界認識」であろう。言うまでもなくこの場合の世界とは、「世界地図」の世界ではなく、自分が生きて暮らしている在所の世界である。それは前にも述べたように、農業技術の中に環境把握技術を組み込もうとする気持ちがまったく生まれなかったことによく現れている。これは、近代化技術の最大の欠陥である。農業生産が「自然のめぐみ」であるという伝統的な農業観を転換しようとしたのが原因である。自然を農業生産の「制約」「脅威」と捉え、その克服を目指したからである。敵対するものとしての自然にも価値があり、それが近代化技術で衰えることなど眼中になかったと言えよう。その代表が農薬だった。

農薬使用という近代化技術への批判が、食べものの安全性や自然環境への脅威としてのみ語られることが私は大いに不満である。農薬散布技術は、百姓の生きものの生への配慮を失わせただけではない。生きものの死への痛みと哀悼の精神を葬り去り、生きものの哀しみをわが事とする百姓の伝統を傷つけてしまったことの方がより深刻だ。

この世は生きものの生で満ち満ちている。その生の充満に思いを馳せるときに、この世の全体が我が身を包む。もちろん在所の狭いささやかな世界ではあるが、そこで生きるものの世界認識である。

西洋の現代の風景論に私が衝撃を受けたのは、科学技術が発達していくことによって、科学が細分化され、分析的になり、全体性を失っていく事に対して、風景こそが、世界認識を取り戻すための手段だという指摘であった。現代日本の自然科学者のどれほどに、こうしたまなざしがあるだろうか。

科学はどうしても断片的になり、機能論に陥っていくものだ。したがって、常に総合的な世界観を意識しておかないと、自分の位置を見失う。自分だけでなくみんなが生きている世界を見失う。

風景以前から景観へ

くり返しになるが、「風景」が発見される前は、在所のただの風景が風景化される前は、風景はなかったのだろうか。たしかに、それは「風景」ではなかったかもしれないが、それは風景を含んだものではあったろう。それは「この世」「世界」「むら」「ここ」などと呼ばれるものだった。その「この世」にも様相はあり表情もあったたし、それは風景にさらに情念をからめたもので、表現など不可能な世界だったような気がする。したがって「風景」だけを引き出そうにも、しっかりくっついて離れないものがあるので、引きはがせないようなものだろう。無理に引き剥がす必要もなかったし、そこで生きて、包まれて死んでいけばよいものだった。表現しなければならないものは風景ではなく、生きもの（花鳥風月）で十分であった。

それでも私は、情念をくっつけたままで、この世界から風景を引っ張り出すことを「風景化」として提案してきた。言ってみれば、在所の世界の内側からしか眺めないただの風景を、外に出るのではなく、あくまでもぎりぎり内側にも足を残したまま、もう一歩を外に踏み出して、仕事やくらしの表現をからめて表現するのである。それは風景と言うよりも、その人の思いや情念だと誤解されるかも知れないが、それでもいいと思う。

ただの風景の「風景化」は新しく、たどたどしいが、それによって救われる世界と情念があるからこそ、これから用いられ広がっていくだろう。そのただの風景がここにあり、表現と評価を待っている。その表現と評価の手段として、さらに分析的な「景観」を考えることは悪いことではない。

しかし、科学がそうであったように、景観も常に風景や世界を意識しておかないと、手段や機能だけに陥っていく可能性は高い。景観や風景以前の情感をいつも思い起こす気持ちを忘れないで景観を論じてほしい。

情感・情愛の展開

ただの風景から立ちこめてくる情感は、百姓仕事や日々の暮らしの実感であり、さりげなく、ありふれたものとして、すぐに忘れ去るものであり、いつも振り返ればそこにあるものであり、保存したり、表現したりするものではない。ところが、ひとたび私たち百姓も旅に出ると、初めて見る田舎の風景に心がとらわれることが多い。目の前の異郷の風景が懐かしく迫ってくることが少なくない。田んぼの中で百姓が肥料を散布している風景は、まるでそれが自分であるように見えてしまう。自分があのやって、仕事をしている姿をこうやって、離れてみることはできない。しかし、今はそう見ている。自分もああして、田んぼの自然の中で、あのような風に包まれて、仕事をしているのかと思うと、じつに懐かしい思いが押し寄せてくる。

山奥の村の山肌の人家のほのかな灯火を見ると、ああやって慎ましく家族が肩を寄せ合って暮らしていた日々が思い出されて、自分は海辺の村で育ったにもかかわらず、懐かしく涙がこぼれることがある。このように旅行者にとっては、風景は単なる画面ではなく、情感を伴って「風景化」されるのは、どうしてだろうか。

「風景化」とは、情感や思い出（経験）を伴わないと生じないものだからである。したがって、風景は景観とは異なり、見る人によって、すべて異なるのだ。同じ広々とした田んぼの風景を見ても、狭い田んぼを耕している百姓と、大規模農家とでは見え方が違うのは当然なのだ。このように風景は、最初から「色つきで」「美しく歪んで」とらえられるのである。それはとらえる側の個性と一体になった風景の個性である。

田んぼは一枚一枚個性的だ、という時には、田んぼの個性と、その田んぼを風景として見るときの見る人ごとのとらえられ方の個性が含まれている。

風景を表現することは、自分の世界認識を表現することではないだろうか。このことは、第5章でさらにくわしく述べる。

失われた情感

情感は、失われた風景を思い出すときに、一層激しくこみ上げてくるものだ。私たちは懐かしい風景をたびたび思い出す。そこにあればただの風景として見過ごすものを、そこにないと必死で記憶の中を探す。そして、それに似た風景にしばしば出会って、その喪失に哀しみと懐かしさがこみ上げてきて、喪失感を埋めることができる。

そういう意味でも、幼い頃に見て感じた世界の様子は「原風景」として、いつまでもいつまでも心に残る。それは「日本人の原風景」とは全く無縁のもので、家族やふるさとの人たちとは関係があるが、あくまでも私だけの原風景である。「棚田は日本人の原風景」だという主張は、棚田の村に生まれて育ち、そこで死んでいった人たちにとっては、無内容である。それなのに、それが共感を呼ぶことがあるとしたら、どういう場合だろうか。

それは、それが失われた風景であるときだろう。とくに現代日本人にとっては、幼い頃の風景は戦後の近代化によって、その多くが失われた。失われる度合いが少ない風景が、まだ日本の農村に、とりわけ棚田に残っているから、「郷愁」を呼んだのである。だから、ことさらに懐かしく、また美しいものでなければ困るのである。

これも風景化の一類型で、旅行者による風景化に似ていると思わないだろうか。いわば過去へと旅行するのである。その時に旅行鞄にたっぷり詰められているのは、思い出である。過去の自分に会うために、仮想の「原風景」を求めて、田舎へ旅行に出ることはいいことだと思う。しかし、現実のそこにある風景は、まだ思い出を付け加えられていない。なぜなら、まだそこで百姓は生きて暮らしているからだ。原風景とは、ふるさとを失った人間の心に巣くうものであり、ふるさとにとどまった人間には原風景は不要である。ただし、ふるさとが近代化されていれば、欲しがるものかも知れない。

第5章

風景の表現

百姓は在所の「ただの風景」をいつも眼にしてきた。時には眺めて、風景として意識することもないではなかった。しかし表現したことはほとんどなかった。その必要はなかったからだ。やっと、それを表現しようとする動きも、表現したいという衝動も生まれてきている。生まれざるを得なくなったのだ。新たな表現方法を編み出さなければ「ただの風景」のほんとうの発見にはならないし、その風景を守ることはできない。ありふれた身の回りのただの風景こそが、もっとも大切なのに、もっとも軽んじられてきたからだ。では、どうしたら表現できるのだろうか、その試みを伝えることにしよう。

百姓はどんな風景が好きか

仕事の成果に満足する風景

農と自然の研究所の百姓に対するアンケートの冒頭の設問である（二八九ページ）

「あなたが好きな農の風景は、どんな風景ですか？」（設問No.2）

この回答を次に掲げる。この設問がすでに、「風景化」を要求していることに、注意してほしい。こういう質問でもされなければ、百姓は語ることのない「ただの風景・世界」がここにあると思ってほしい。

「農の風景」と尋ねたことも影響してはいるが、百姓仕事に関わるものが一番多い。次に作物に関するもの。そしてそれ以外の生きものに関するものが続いている。これは「風景化」の強さを示しているのかもしれない。百姓仕事や作物に関するものは、気づきやすく、また記憶によく残る。また表現するにも、抵抗が少ない。

アンケート結果の紹介

【あなたが好きな農の風景は、どんな風景ですか？】(設問 No.2)

【 】内の分類は私が後で行ったもの、( ) 内は私のコメントである。また回答の頭につけた ABC の区分けも私がふったもので、A は作物に関すること、B は田畑のことや、百姓仕事や百姓ぐらしに関すること、C は生きものに関すること、D は季節変化や村の様子、である。

【春の田んぼの風景】

B：田んぼの中の雪が解ける

B：田んぼの雪が消え、畦に草が出てくる

B：春先におこした田に水を入れる

B：一面のレンゲ畑

C：雪消えの水びたしの田んぼに白鳥や鴨が集まる

C：早春の田んぼに、赤蛙や霞山椒魚の卵塊が見られる

C：4 月初めに、山田の土手にショウジョウバカマやスミレが咲いているところ

C：3 月の終わり頃から 4 月初めに、川の堤防一面に西洋カラシナの黄色が続くところ

C：ミツバチがレンゲの回りを飛び交う

C：畦の草花が咲き乱れる

【春の畑の風景】

A：麦の穂が出揃ったとき

A：麦秋

A：ゆるやかな斜面に梅の花がほころび始めた風景

B：菜の花畑（やや多い）

C：池の土手にツクシ、フキノトウ、ワラビ、ゼンマイが群生する

C：春が来て、ヒバリの声が聞こえる下で鍬を使っている風景

C：畑で蝶が舞う風景

C：草が発芽した時

【夏の田んぼの風景】

A：田植後、稲の緑が日増しに美しくなること

A：田植後の苗が風の流れを教え

てくれる A：夏の朝、葉の先でキラキラ光っている露玉をつけている稲田 A：稲の緑の葉が風になびくとき。稲面を渡る風（やや多い） A：夏に咲く稲の花の風景 B：初夏の青々とした水田と青い空（多い） B：きれいに畦草刈りされた風景（これは多い） B：田畑で働いている人がいるとうれしい B：田植直前、辺り一面に水が張られていて、太陽の光がキラキラ反射している風景 B：よく刈られた畦でのんびり遊んでいる子ども連れの家族 B：眠っていた田んぼがまたたく間に緑のじゅうたんに変わっていくとき B：田植を待つ田んぼの風景 B：代かき田に月、星が映る B：田植をした後の田んぼの様子（やや多い） B：田植（田植をしている風景だろう。このように仕事の最中か、	し終わったあとの田畑の様子かに分かれる） B：早乙女たちが歌いながら田植をする風景 B：田植後の田んぼに映る景色 B：田植直後の水を張った田んぼは、まるで湖のように広がり、そこに家々が浮かんで見えるさま B：田植後の田んぼの畦を走り回る子ども B：田植後に植え継ぎをしている風景 B：田植して一週間後ぐらいに雨が降って、落ち着いた田んぼの田面 B：奥さんと二人で手押し除草機を押しながら田んぼの中であっちこっちと見る B：苗代からどろんこになりながら、苗を運び出してくれた小学生の兄妹 B：除草機押しに飽きて、捕虫網をふりまわす小4の娘のいる土手 B：下校途中に田んぼの中をのぞき込む子供たちのいる畦道 B：水鏡となった田の夕暮れ

B：代かき後の水田に映る木や山の景色

B：早朝のクモの巣が露に濡れていた田んぼ

B：真夏の田んぼと積乱雲

B：よく手入れされた棚田

C：田植後のカエルの合唱（やや多い）

C：月明かりの中で鳴くカエル

C：6月末から7月初め、蒸し暑い日にホタルが光る風景

C：青田の上の銀ヤンマの風景

C：夏の夜、虫が鳴いている田んぼ。虫が鳴かない田んぼはさびしい

C：6月の畦のツユクサの花が雨に濡れている様子

C：トンボが群舞する（やや多い）

C：ツバメの飛来

C：畦のネジバナ

C：田んぼの生きものたち

C：オタマジャクシやヤゴが無心に育ち成長していく姿

C：梅雨の少し強い雨も、田んぼに小川の魚を呼び込んで楽しい

C：ため池で大きな鯉やメダカやアメンボが小さな波紋をつくっている。その横の老桜の下で涼みながら、ポケーと夏アカネの飛ぶのを見ている私がいる

C：土水路の小川にメダカが泳ぐ姿

D：入道雲の空

D：夏に、畦に座って眺める田んぼ、畑、空、周囲の山々など

【秋の風景】

A：稲の穂が出始めた頃

A：稲の出穂の時、穂が風になびく

A：稲がはらんだときの独特の甘い匂い

A：そよ風にゆれる稲穂と雀おどし

A：黄金色に垂れた稲穂、稔って垂れた稲穂の田んぼ（これは多い）

B：田畑で仕事をしている百姓について回る薄羽黄トンボの群

B：稲穂が垂れた黄金色の田んぼの向こうに沈む夕日

B：稲刈り前の棚田の風景

B：稲刈り後の夜に漂ってくる空

気の匂い B：畦の彼岸花と畦草の緑のコントラスト（彼岸花関連は多い） B：干拓地に育ったせいか、彼岸花はあまり見たことがなく、姉が里帰りの時に持ってきてもきれいだとは思いませんでした。しかし、だんだん気になりだし、今ではどの田んぼの畦にも植えて楽しんでいます B：はざ木に干した稲、架け干しの風景（多い） B：はざかけの稲より香ってくるにおい B：コンバインが動いている風景 B：山麓の柿園の紅葉 B：実った収穫直前の柿や梨 B：秋の農家の軒先の吊し柿と青空 B：産土の神の秋祭り B：畦でお茶しながら、おしゃべりをしている風景 C：藁から藁へとクモが飛散する頃 C：トンボが飛んでいる秋の田 C：稲刈りが始まりバッタやイナ	ゴが飛び回る C：キリギリス他秋の虫が鳴く C：夕焼けの赤トンボの群れ C：黄金色の田んぼを飛び回る赤トンボ C：彼岸花にアゲハチョウが集まって蜜を吸う D：秋の畦に寝っころがって、真っ青な空に白い雲を見るとき **【冬の風景】** B：収穫を終えた田んぼに立つ煙 B：トラクターで耕している後を、白サギがついてくる姿 B：稲刈りあとの田んぼの水たまり B：初雪に稲株の頭が見える風景 B：雪の積もった田畑 B：雪に覆われた棚田の風景 B：一面雪に覆われた田 B：麦踏みあとの縞模様 C：雉の親子が田の中をエサをついばんで遊ぶ姿 **【その他の風景】** B：日の出の頃の田畑、夕暮れ前

の田畑 B：四季を通して田んぼが変化していくところ 風景 B：手入れされた竹林 B：山桜の脇を行く野良の道 B：阿蘇の草原の牛 B：真っ黒の土の畑と平地林 B：牛耕した日々、ハエの多い中、蚊の多い中の生活。ノミもおった B：年老いた父母が畑で働き、野菜を育て、収穫している姿 B：百姓が田畑で働いているところ（やや多い） B：落ち穂ひろい B：田んぼに働く人がいる風景（多い） B：谷津田（谷地田）の風景［田んぼの両側に山があり、奥にため池がある］ B：棚田の風景（やや多い） B：畦草刈りを終えたあとのサッパリした棚田 B：田畑での家族のお茶飲み B：家中総出で農作業の合間にお昼を食べている様子	B：家族総出で農作業をしている B：燻炭をつくっているときの煙 B：田んぼの横の堀 B：夕焼けに照らされているビニールハウスの風景 B：子どもが農作業を手伝っている B：子どもたちが田んぼで生き物をとって遊んでいる光景 B：田んぼの畦道を子どもたちが通っている姿 B：朝もやに朝日が射しこみ、農道を通学する子どもたちが浮かびあがる様子 B：田んぼで人々が一服している風景 B：桜の木の下で、野良仕事の合間に昼を食べている風景 B：家畜の世話をしている風景 B：山羊や鶏が自由に青々とした草をはむ風景 B：庭のひよこ B：地道に耕作を続ける農民の姿 B：畑の隅に積まれていた堆肥の山 C：田んぼの上をツバメやヒバリなどの鳥が飛ぶ風景 C：田んぼにサギやカモが降り立ち、

エサを食べている風景
C：在来の草花が咲く手入れされた畦
D：無舗装の農道
D：小さな祠やお地蔵さん
D：前に田畑を持ち、背後に山を背負った農家
D：バックに山があって、手前に田が見える（やや多い）
D：水路にいつもきれいな水が流れていた
D：家族そろって農作業に汗かいて、一日の終わりにながめる夕焼け
D：四季によって、山の色彩が変化すること
D：わが家の田んぼからみる○○山

季節で言えば、「夏」が圧倒的に多いのは、仕事の季節だからであろう。ここでも、注意深く読むと、現在の風景と、思い出の風景が混じっている。そして、二一一ページで紹介した「青田の風景」「田植後の風景」の時には、現れている「稲自体」「生きもの自体」のことが少なくなって、明らかに見るものの位置は対象からずいぶん離れてきて「好きな風景」として風景化されていると言えよう。それに比べると「青田」や「田植後の田」は、まだ風景化途上なのである。

このように風景についてのアンケートは、思い出して、思い浮かべることを強要することになるので、すぐに「風景化」がすすみ、普段は表現することもないものが表出することになる。それは、そういうものがすぐに呼び出せるほど蓄積されているからである。百姓はただの風景を仕事の合間に、風景化しているのである。それは表現されることなく、こうしてたっぷりと蓄えられ、出番を待っているのである。

百姓仕事が投影された風景

このアンケートは難しい設問が一八問もあるのに、回答者が二〇〇人を超えた。農と自然の研究所の会員の思いの深さが伝わってくるようだった。それはアンケート自体が「風景化」の一つの手段だったからだ。アンケートに参加したからこそ、このように雄弁に表現できたのである。しかし、こうしたアンケートに回答する機会は通常はあり得ないので、ほとんどの百姓は、在所の村のただの風景を風景化することはないように思われる。そこで、第2章ではその方法として、その風景を支える百姓仕事や百姓ぐらしを見つければいい、と提案した。その証拠にその風景が荒れ始めたら、在所の百姓ならすぐ気づくし、その原因が仕事やくらしの変化（崩壊）にあることもすぐわかる。しかし、荒れることもなく、いつものように続いている風景であれば、仕事をどのようにして見つければいいのだろうか。そしてそれはどのように風景に結びつけて表現したらいいのだろうか、その実例を示すことにしよう。

野の花の発見

ある夫婦の話である。夫はいつも春になると、自分の田んぼの畦に咲き乱れる野の花に見とれていた。大地縛り、アザミ、馬の足形、蛇苺、烏の豌豆、スミレ、スイバ、キラン草などが、まるで

レンゲ畑（これは比較的わかりやすい百姓仕事が生産した風景）

花壇のように咲き誇るが、そのことを妻や他人に語るのは気が引けていた。私に冗談で喋っていたものだ。「妻に語るとしたら、またそんなことにばかり目を向けてるから、仕事がはかどらないでしょう、と怒られるだろうしね」と。ところが、彼にも転機が訪れた。ある時に「この野の花も、オレが畦草刈りを毎月一回やっているから、毎年毎年変わらずに咲くことができるんだ。その証拠に、隣の田んぼは、除草剤を散布するようになって、草刈り回数も半分以下に減らしているが、めっきり草の種類が減って、きれいな花が咲かなくなってしまったじゃないか」と気づいたという。その瞬間に、彼は妻に野の花の美しさを語る決心がついたと、私に話してくれた。

彼は語る。「この美しい花も、私の百姓仕事のせいで毎年変わらずに咲くことができる。そしてその花に包まれて私は仕事ができる。こういう世界を百姓は守ってきたし、これからも守っていきたい」

彼の話に私はとても心を打たれた。そしてこの話は、すべての「ただの風景」に適応できるのではないか、と思った。なぜなら、在所の身近な自然はすべて、百姓仕事が造り変え、それゆえに支えてきた自然だからである。このように、ほとんどの百姓は自然を語るときに、仕事との関係を認識したときに、やっと語り始める。それも仕事に力点を置いて語りがちである。「野の花は、畦草刈りをちゃんとしているかどうかの指標である」というような気分である。「草刈りしている畦はまるで百花繚乱だね」と風景に力点を置いて語りにくいものなのである。しかし、まがりなりにも野の花の風景を語る方法が生まれたことは、喜んでほしい。

それにしても「私の仕事が風景を支え、その風景に支えられて私は仕事ができる」というこうした世界観こそ、農の世界観だろう。この文章の「風景」を「自然」や「生物多様性」や「めぐみ」や「食べもの」などに置き換えることができるのがまたすごいことだと私はいつも思っている。

この方法で、さらにいくつかの風景を語ってみよう。

仕事を支えているもの

秋になると、畦の草刈りの時にカエルが前を横切る。その度に私は、草刈りを躊躇して、立ち止まることになる。こういうことが、数メートルおきに続く。この躊躇して、仕事が滞った時間を累計すると、半日で一〇分になった。果たして、この一〇分は私にとって、

私の田の畦に咲きみだれる・金鳳花（キンポウゲ）と薊（アザミ）。こよなく美しい

日本農業にとって、国家にとって、無駄な時間なのだろうか。

現代の農学では、いとも簡単に、こう答えるだろう。この時間は、米の経済価値にとっては、何の貢献もしない時間で、生産効率を落としている原因である、と。また、生態学者に、カエルという生きものを守っている時間だと弁護してほしいと懇願しても、「躊躇しなくっても、せいぜい一〇アールあたり千匹もいる沼ガエルを二、三匹斬り殺すぐらいなら、カエルの密度には影響はありませんよ」と、冷静な返事が返ってくるだろう。

私が躊躇する行為は、科学的には、意味のない行為だということになる。それは、私にとって、国民にとっても、国家にとってもそうだということになるのが怖い。近代化社会では、このようにして、百姓仕事の中の情愛を擁護し、価値づける思想は衰えてきたのである。

しかし、別のまなざしもあってもいい。そこで私が、もしカエルに躊躇しないで畦草刈りをするようになれば、まちがいなく私の百姓としての、生きものの情感に感応する力は薄れ、生きものに包まれて生きる情念は死ぬ。そうなると、稲のまわりに広がる天地有情の世界と、稲の関係が見えなくなる。そして、この関係を語ることもなくなる。つまり、これまでと風景が異なって見えてくる。風景が変化していく。そのことに当の百姓も気づかないまま、年月は流れる。国民も国家もそれを忘れていく。

ひょっとすると私の現前の風景とは、そうした変質を被った風景かも知れないと思うときがある。

カエルの声

私の友人の編集者が東京の公園で小さな田んぼを造成して、区民と稲作をはじめた。三年目に念願のカエルの鳴き声が聞こえ始めたそうだ。どこからかやって来たのだろう。次の年にはさらに増えて、鳴き声は大きく辺りに響くようになった。友人は心から喜んでいた。ところが「やかましい」という苦情が区役所に持ち込まれ、友人達はカエルを駆除しなくてはならなくなったと言う。

ここではカエルの声が聞こえる世界を音の風景としてとらえてみよう。西洋人が秋の虫の音を雑音として聞くことが多いという話は有名だ。たしかに耳慣れない音は特に夜には耳障りだろう。しかし、日本では都会でも最近まですぐ近くに田んぼがあったので、カエルの鳴き声は夏を告げる風物詩だと感じられてきた。

百姓の場合はなおさらのことだった。なぜなら、

夏を告げる風物詩であるカエルの鳴き声。田んぼの「音の風景」だ(写真は沼ガエルのオス)

わが家の代かきと田植えという仕事の結果、カエルは産卵のための求愛行動として、鳴くからである。しかし、そのことを百姓はもう意識しない。たぶん、田んぼがない村に田んぼが開かれたことには、今まで聞こえなかったカエルの鳴き声が、年々徐々に大きくなって、田んぼのせいだ、百姓仕事のせいだ、稲作のせいだと思う時期もあっただろう。カエルの鳴き声は相当新鮮だったのではないだろうか。私はそれを想像するだけで楽しくなる。それも、数百年もすると、太古からそこで聞こえていた自然現象のように思われてきたのだ。

そこで、カエルの声を風景にするためには、それを引き出し支えている代かき・田植という百姓仕事を見つけなければ、単なる風物で終わってしまうだろう。かつては、それでも一向にかまわなかったのだけれども、それでは風物としてのカエルの声も、カエルの声が聞こえる風景をいいと感じる情愛も引き継がれない。

カエルの声を聞けば、「ああ、今年もいつも通り田植が始まったな」と百姓以外の人間も思ってくれれば、代かき・田植という百姓仕事は守りやすくなる。続けやすくなる。そしてカエルの鳴き声が聞こえる風景も守りやすくなる。そうしないと、やがて「やかましい」という人間が、田舎でも出てくるかもしれない。あるいは「カエルの声はいらない」という人間が生まれるかもしれない。

風景の中の百姓仕事

まずアンケートの回答によって、風景を支えている百姓仕事の一覧表をつくってみた。

以下のアンケートの答えでは、「農の風景」と言われても、自分が働いている風景は自分では見えないので書きにくいのかあまり出てこない。田んぼや畑や畦や山や里の風景はいっぱい出てくる。しかし、その風景を支えている百姓仕事となると、作物ならば百姓仕事との関係もよく自覚しているのだが、生きものになると普段は考えたこともないのに、よく考えて回答してくれている。

アンケート結果の紹介

設問は次のようなものだった。

【身近な「風景」を、陰で支えている「百姓仕事」を探し出したいのですが、いくつかの例を考えてください。】(設問 No.7)【　】内は私が行った分類。(　) 内は私のコメント。

農の風景	支えている仕事 1	支えている仕事 2	支えている仕事 3
【田んぼ・稲】			
田んぼ・稲田・青田・稔った田	田仕事のすべて・山仕事・水の供給	田植・ため池の管理	田まわり・土づくり
水を張った田んぼ(水鏡)(光る水面)	泥上げ 畦塗り 水口の調節	草刈り 田植 水路の整備	代かき 用水の管理
稲の出穂	見守る、祈り	田植	田まわり
平らな田んぼ	田均し	客土	田まわり
よけうね	溝掘り	田んぼの排水	
稲のはざかけ	バインダー刈り、手刈り	竹取り	藁ない・藁片付け
除草機押し(草とり)	浅起こし	まっすぐな田植	水管理
レンゲソウの咲く田	種まき	ゴミ拾い	耕起
菜の花畑	耕起	種まき	肥料まき
はざかけ	はさつくり	稲刈り	脱穀
冬の麦田・麦秋	麦まき	麦踏み	土入れ
カカシの立つ田んぼ	田仕事	カカシづくり	田まわり
冬鳥が来る田んぼ	秋の不耕起	落ち籾	水ため

冬水田んぼ	冬季の湛水	代かき	田まわり
【生きもの】			
山赤蛙の産卵	早い段階の入水	代かき	改良しない湿田
ヒバリの巣	麦の畝立て	見回り	麦踏み
朝露で輝くクモの巣	畦草刈り	田植	減農薬
ツバメが飛び交う	苗代	代かき	田植
田の上を飛ぶトンビ	水管理	畦塗り	畦草刈り
蛙の大合唱	苗代・畦塗り	代かき・土つくり・田植	
オタマジャクシ	有機物の投入	水まわり	水が切れない
田んぼの平家ボタル	湿田の保持・農薬を使わない	水を溜める	畦の手入れ
田んぼに降り立つ鳥たち	田植	水管理	田まわり
赤トンボ	有機物の投入	水まわり	減農薬
秋アカネ	中干しの時期	箱施薬の廃止	収穫後の水たまり
トンボの群舞	田すき	代かき	田植
薄羽黄トンボ	箱施薬の廃止	田植後35日間の湛水	有機物の投入
白サギ（多い）	トラクターでの耕耘	田まわり	
【畦の風景】			
ツクシの群生	畦草刈り	土手焼き	食べる習慣
彼岸花の畦畔	草刈り	畔塗り	移植
緑の畦（大多数を占める）	畦草刈り	畦直し	畦草片付け

美しい畦	床締め	牛の肥育	
タンポポ、ジシバリ、サギゴケ	畦草刈り	田植	田まわり
土手のフキノトウ	草刈り	刈った草の運び出し	畦を乾かす
ネジバナ	畦草刈り	花の前の草刈り配慮	
石垣	草とり	石垣積み	補修
藁こ積み	バインダーか手刈り	藁の利用	
はざ木	枝打ち	稲刈り	はざ場づくり
【水路・池・農道】			
水路	草刈り	溝さらえ	ゴミ拾い
農道	草刈り	溝さらえ	花の植栽
ため池	泥さらい	草刈り	水管理
農道に止まったトラック	年寄りの仕事	畦草刈り	草とり
小川の流れ	水路の草刈り	溝さらえ	
堀岸の柳	枝打ち	堀の手入れ	
顔を洗える水路	畦草刈り	井堀り	生活排水を流さない
メダカ	排水路との連続	上畦下の溝づくり	年間の通水
源氏ボタルが舞う	水路の草刈り・無農薬	流路整備・入水	上流の山の手入れ
ドジョウ	水路の泥上げ・避け堀	代かき・レンゲによる土つくり	中干ししない
【畑・里】			
耕された農地	耕耘	除草	作付け

野菜畑	草とり	虫とり	作付け
大根干し	藁取り	竹取り	
ソバの花の畑	耕起	排水	種まき
コスモス畑（ひまわりも）	種まき	草とり	草切り
果樹園の花と実	草刈り	剪定	肥料まき
野に立つ煙	枯れ草を焼く	脱穀屑を焼く	片付け
【山】			
里山	下草刈り	落ち葉はき	更新
雑木林	しいたけ栽培	堆肥づくり	薪拾い
ワラビとり	野焼き	畦草刈り	
沢水	森林の手入れ	森づくり	
炭焼き	鋸の目立て	雑木の選定	山の手入れ
【くらし】			
堆肥の山	草集め	草刈り	積む
里の秋の柿	自給思想	村のくらし	
軒先の干し柿	柿の木の手入れ	干し柿作り	
わら細工	稲刈り	架け干し	ワラの貯蔵
消費者家族連れの来訪	草刈り	産直	有畜複合
トンボ捕り	水管理	有機物の施用	除草作業
秋祭り	しめ縄ない	餅つき	稲作
カブトムシ	堆肥づくり	薪切り	
少数の牛馬羊の飼養	家畜の餌づくり	土手の草刈り	放牧
夏の夜の虫の声	殺虫剤を使わない	畦草刈り	

アンケート結果の紹介

次に、前項とは逆に、百姓仕事が生み出している風景を記述してもらった。設問は、

【百姓仕事が生み出すもののうち、カネにならないものを、「風景」で表すと、どうなりますか？】（設問 No.8）である。

前項の質問と表裏をなしているので、混同しやすかったようだが、新しい切り口もみられた。【　】内は私が行った分類。

百姓仕事	生まれる風景１	生まれる風景２	生まれる風景３
【田んぼ】			
代かき	ツバメが集まる	風がさわやかになる	山が水面に映る
不耕起	雑多な野草	雨蛙の群鳴	キリギリスの声
田んぼの耕耘（春田起こし）	白サギ飛来	ツバメの飛来	カラスの飛来
	白サギ、カラス、鳶の喧嘩	鳥を見ると心がなごむ	土が黒くなる
	カエルが目を覚ます	虫が動き出す	田んぼの形がはっきりする
	春を感じる	雀が集まる	土の香りがする
畦塗り	畦がすっきりする ケラが見える	草が一斉に芽吹く シュレーゲル青蛙がいる	カエルが目立つ
代かき	カブトエビが生まれる	豊年エビが生まれる	オタマジャクシが生まれる
	水田（みずた）・水鏡	スズメが来る	ツバメが来る
	臭亀が入ってくる	メダカや魚が遡上する	椋鳥が来る

田植	薄羽黄トンボの産卵	トンボの発生	トンボの群舞
	緑が生まれる	黄色に変わる	白サギが来る
	平野一面の緑	一面が湖になる	水口に生き物が集まる
	水がキラキラ光る	風が見えるようになる	田の中の緑の模様
	越年トンボが産卵する	様々な生きものが生まれる	空の様子が水面に映る
	みずみずしい力が満ちる		
草とり	草のないきれいな田んぼ	薄羽黄トンボが集まる	涼しい風が吹く
	土手に腰掛けて休む	親子の会話	夫婦の会話
稲刈り	百姓が水田に集まる	子どもが野球をする	サギやカラスや猫がコンバインを追う
	波打たない風景に変わる	おにぎりが似合う	架け干し
	田んぼが宴会場	生きている農村	ワラの香り
	稲株のクモの糸	クモの飛散	落ち穂拾い
畦草刈り	きれいな畦道	散歩する人たちの姿	百花繚乱の畦
	床屋に行った後の様	気分がよくなる	稲も生き生きした様に見える
	整理された圃場	水田の間を風が通る	鳥が集まる
	彼岸花が咲く	畦が額縁になる	田畑が引き立つ
	ホッとした空間	次の作業への意欲	交流が生まれる
	土地の形がわかる	再び芽吹く草の緑	さっぱりした風景

	害虫がいなくなる	稲が目立つ	
田まわり・水管理	生き物を育てる	涼しくする	風を生む
	緑のダム	雨水の調節	共同作業
	畦の保全	ヤゴが育つ	田んぼに働く人が見える
	モズが来る	バイクであいさつを交わす	アオミドロ・アミミドロが育つ
	水が流れる	カエルが鳴く	田んぼに人がいる
	クモの巣の朝露	赤トンボの羽化	ホタル狩り
稲を育てる	空気の浄化	地下水の涵養	風景を豊かにする
稲の無農薬栽培	生きものが増える		
用水の流れのポンプアップ	水路の流れの復活	悪臭を消しゴミを流す	アオミドロの大発生
【それ以外】			
農道での立ち話	情報交換	畦に腰を下ろす	ストレス解消
	トンボが来る		
水路の手入れ	生きものを育てる	さわやかな風が生まれる	
モグラたたき	カワセミが来る		
果樹の立体栽培	春は百花園	訪花昆虫が集まる	いろいろな香りが漂う
農地の外回りの草刈り	ササユリが増える	多様な植生になる	
雪かき	犬が喜ぶ	人が通る	
落ち葉の利用	心安まる里山風景 山の動植物が豊かになる	小動物が集まる	たくさんキノコが生える
里山の手入れ	植物が多彩になる	見晴らしが良くなる	足を踏み入れやすい

籾殻焼き	白い煙	いい匂い	やきいも
果樹や茶の剪定	巧まざる造形美		
畝立て	黒々とした土の美しさ		
竹切り	すっきりした竹林	タケノコ	玉葱を干したりする
溝掘り	水の道ができる	ドジョウの通り道ができる	サギの餌場になる
堆肥散布	鳥が集まる	空気が和やかになる	土に力がつく
野菜作り	雀や野鳥の群れ		
家直し	人が集まる	家が生き生きする	

圧倒的に「田仕事」が多いのはどうしてだろうか。たぶん、仕事の時間が長いだけではなく、手を休めて、あるいは休息時間にそれだけ見ているのだろうと思う。そういう習慣と、そういう場所が田んぼ仕事には、含まれているのであろう。畑作には、そういう時間がゆっくり流れていないのではないだろうか。

それにしても百姓仕事から生み出される「風景」の表現の多彩さには驚いてしまう。ほんとうに百姓は詩人だなあ、と思う。風景化とは、このような世界を掘り起こすことにもなるのである。この風景のアンケートへの回答が多かったのは、百姓自身にも発見が多かったということではないだろうか。一〜三時間も費やして回答してくれた人がほとんどだったことが、それを物語ってくれている。

生きものからの情感を風景として語る

百姓は、自然や風景のことは滅多には語らなかったかもしれないが、おびただしいほど「生きもの」（花鳥風月）を語ってきた。この伝統を活かして、風景語りにしていくことはできないだろうか。生きもののことを語るだけでは、風景語りにはならない。どうしたら生きものを風景にできるだろうか。生きものを景観の構成要素として、位置づけるのではなく、一緒に生きているもの同士として、表現できないだろうか。

「生きもの語り」の提案

農と自然の研究所では、最後のプロジェクトとして「生きもの語り」を提唱している。その呼びかけ文を採録する。

畦塗りした田んぼ

身近な田畑の生きものは、百姓仕事によって支えられ、百姓仕事を支えています。先祖たちは、これらの生きものの名前を呼んだだけでなく、しっかりつきあって食べたり加工したり、仲良しになったり、あるいは警戒したりしてきました。同時に、これらの生きものとの関係をしっかり語ってきました。百姓はその話を聞いて育ち、また伝えても来ました。

しかし、生きものとつきあうことを無駄な時間だと決めつける近代化精神が浸透してくると、百姓仕事や百姓ぐらしの本意は伝わらなくなります。カネになろうとなるまいと、百姓仕事や百姓ぐらしは生きものとのつきあいがほとんどだから、楽しいものですし、いとおしいものです。この思いを生きものへのまなざしの表現として、あなたの言葉で語ってほしいのです。家族に、友人に、都会人に、語るつもりで。

語る方法は、あなたにまかせますが、現代の主流である経済価値で語るのではなく、そんなものは軽視して、もっと深い情愛や情念を表現してみてください。科学的な知見であっても、一度あなたの経験を通して、あなたなりの着眼で語り直してください。生きものの立場から、人間の立場から、天の立場からなど様々な視点から語ることができるでしょう。

もちろん、そこにあなたの主張、思想を織り込むことはとてもいいことです。時代への憤慨や悲しみや期待を込めてみることもひとつの語り方でしょう。（一回目の呼びかけ）

生きものと眼を合わせることも少なくなりました。友人の百姓が「タイコウチを三〇年ぶりに見た」と語っていたのが印象的です。私たちがやってきた「生きもの調査」とは、もう一度人間のまなざしを、身近な自然の生きものに向ける活動です。かつて百姓仕事や百姓ぐらしの中に、濃密にあった生きものとの「交感」を少しでも取り戻せないかと思ったのです。「生きもの調査」がずいぶん広がってきて、嬉しい限りです。面白いことに、人は生きものを見つめると、なぜか語りたくなるのです。それはどうしてでしょうか。

たぶん、「生きもの語り」を自分も聞いて育ってきたからではないでしょうか。そのかすかな情動がこみ上げて、後押ししてくれるのかもしれません。そういえば、かつての百姓はよく生きもののことを語っていました。なにより、子や孫や家族に語って聞かせていました。身近な生きもののほとんどは、田んぼや畑や畦道や水路や里山の生きものですから、百姓仕事が生み出したものです。こうした生きものにまなざしをそそぐ習慣を引き継ぐためにも、生きもののことを語ってください。まず、自分に語ってみましょう。

語る方法は、あなたにまかせますが、また生きものの形態や生態を科学的に客観的に表現することが時代の主流ですが、これだけでは大事なものが欠け落ちます。科学も活用しながら、もっともっと、あなたの深い情愛や情念を表現してください。(二一回目の呼びかけ)

田舎の風景はことごとく生きもので満たされている。百姓は生きもののことはよく語るが、それは風景の部分では決してない。生きものを語ることと風景を語ることの間には橋が架かっていて、陸続きではないことは前に述べた。その橋を渡る工夫もすでに述べた。百姓仕事でつなぐことである。しかし、それをさらに「表現しよう」とする動機で後押ししなければならないのが、現代社会のつらいところである。だが、かつての百姓が夥しい「生きもの語り」を子どもや孫に語って聞かせていた時代を呼び戻したいのだ。

私たちが提案している現代の「生きもの語り」とは、自然観、世界観、農業観の新しい表現方法だと考えている。つまり、科学的に分断された認識術によって衰えた力を再生させ、近代化に対抗するささやかな手だてを生み出したいからである。つまり生きもの語りは、百姓が生きる世界を語る方法になるときに、その世界の表情が風景として語られることがあってもいいのである。むしろそういうことになることにも期待したい。

なぜ名前を呼ぶのか

それにしても「生きもの語り」が人に伝えるための表現であるとすれば、その土台は生きものの名前を呼ぶことではないだろうか。しかし、人はなぜ名を呼ぶのだろうか。その名はどうしてつけたのだろうか。現代では生きものの名前は、新種を発見した人間がつけるものらしいが、村のほとんどの生きものには、すでにずっと昔から名がつけられていた。もちろんそれは標準和名ではなく、その地方の言葉であった。

ある百姓の青年から聞いた話である。彼はたびたびある虫の幼虫が眼についていた。ところが彼はその虫の名前を知らなかった。その虫は、緑色で派手な横縞の入ったイモ虫で、田んぼの畦の芹《セリ》をかじっている最中だった。彼は名前を呼びたくなって「派手縞青虫」と自分勝手に名付け、数年間はそう呼んでいたそうだ。そしてある日、彼は「田んぼでは黄アゲハも生まれている」という私の本を読み、そこに載っていた幼虫の写真を見たときに、「あっ、あの派手な横縞模様の青虫は、黄アゲハの幼虫だったのか」と気づいたというのである。現代社会では「黄アゲハ」という新しい名前のほうが、伝わりやすいに決まっている。やがて、彼は、黄アゲハの幼虫を自分が「派手縞青虫」と呼んでいたことも忘れてしまうかもしれない。しかし、彼は二度命名したのだ。一度はオリジナルな名前で、次に標準和名で。これが、名付けるという意味ではないだろうか。名前は、その種を最初に発見した人だけが、あるいは命名者だけが名づけるわけではない。

名前を呼ぶということは、じつはその人にとっては、名づけることでもある。その生きものと同じ世界に一緒に生きていることを確認するためである。つまり私たちが名前を呼ぶのは、別種だと確認するための学問的な識別ではなく、自分の世界に生きているものへの情愛の表れである。

アンケート結果の紹介

風景のアンケートから

【あなたがよく見る「農の風景」の中で、意識する生きものを、書いてください。】（設問 No.6）

という設問への回答を集計してみたのが次の表である。答えてくれた百姓は 99 人である。

【動物】　　（アミガケは鳥類）

種名	回答者人数計（人）	メダカ	7
カエル	53	ウサギ	7
トンボ	29	豊年エビ	6
燕	27	イノシシ	6
カラス	24	アメリカザリガニ	5
雀	24	タニシ	5
赤とんぼ	22	ミミズ	5
白サギ	22	モグラ	5
ヘビ	18	鳥類	5
クモ	16	バッタ	4
鳶	14	蝉	4
蝶	13	カブトエビ	4
ヒバリ	13	ネズミ	4
オタマジャクシ	11	青サギ	4
蛍	8	キジ	4
ドジョウ	8	モズ	4
タヌキ	8	源五郎	3

青虫	3	アメンボ	2
テントウムシ	3	ウンカ	2
カメムシ	3	ユスリ蚊	2
イナゴ	3	蜂	1
カマキリ	3	アブラムシ	2
ケラ	3	ミジンコ	2
ジャンボタニシ	3	川ニナ	2
キツネ	3	亀	2
ハクビシン	3	イタチ	2
ウグイス	3	メジロ	2
ヒヨドリ	3	白鳥	2
ムクドリ	3	鴨	2
鷹	3	鳩	2
タイコウチ	2	鶏	2

25種は回答者が1人のみで、全種は86種類であった。

【植物】

種名	回答者人数計（人）	稲	11
彼岸花	27	セリ	11
ススキ	18	ツクシ	10
タンポポ	17	アザミ	9
レンゲ	15	クローバー	7
ヒエ	12	桜	7
ヨモギ	12	コナギ	6
背高泡立草	12	ふきのとう	6

菜の花	5	ワレモコウ	3
オモダカ	5	梅	3
ネジバナ	5	すべて	2
ヤマユリ	5	キシュウスズメノヒエ	2
野菜の花	4	メヒシバ	2
フキ	4	笹	2
ハコベ	4	タカサブロウ	2
オオイヌノフグリ	4	イタドリ	2
ホトケノザ	4	キンポウゲ	2
スミレ	4	ジシバリ	2
オオバコ	4	ヤブカンゾウ	2
柿の木	4	ミソハギ	2
楓	4	ガマ	2
麦	3	水仙	2
竹	3	コブシ	2
ホタルイ	3	猫ヤナギ	2
ノビル	3		
ナズナ	3		
蛇の髭	3		
ヒメジオン	3		
現の証拠	3		
ヨメナ	3		
コスモス	3		
チガヤ	3		

34 種は回答者が 1 人のみで、全種は 84 種類であった。

風景の中の生きもの

風景の中に見えている生きものをアンケートで答えてもらった。

①さまざまな生きものが登場

風景は一人一人見え方、眺め方が違うのだから、そこに登場する生きものも多彩である。生きものは私たちの情感をかき立ててくれる。思いを誘ったり、思い出を呼び起こしてくれる。みんなが眼もくれないものに、その人が眼をやるのは、偶然だからではない。その人のまなざしは、その人の人生を表している。

②どうしても百姓は仕事に引きずられる

百姓でなければ、ヒエとかコナギとか畑の雑草は挙げないだろう。たしかによく見るものだろうが、それを風景として語るのは、仕事を見ているからだ。しかし、オモダカやコナギの花も挙がっていたのは、草を草とりの対象として見ているばかりでなく、かわいさも見ているのである。「ほんとうにしつこい草だけれど、花は美しいね」という気分だろう。

③音の風景

カエルが圧倒的に多いのは、代かきや田植のあとに生じるカエルの「鳴き声」の印象が強いのだろう。鳥が多いのも、姿が見えなくてもヒバリやウグイスやモズの鳴き声が印象深い鳥が挙がっていることでもわかるように「鳴き声」つまり「音の風景」が強烈に焼き付いているからであろう。

④遠くを見る

鳥が多いもうひとつの理由は、風景化とは生きものを含んだ世界の広がりを認識することだから、どうしても世界を見る。そうすると視野が広がり、遠くまで見ることになりがちだ。そこで、一番動きのあるものが眼につく。それが鳥であろう。

赤トンボが多い理由も、群れ飛んで眼につきやすいという理由もあるが、視野一杯に広がって否が応でも気持ちを引きつけてしまうからであろう。

⑤仕事と風景

クモが多いのは、クモの巣が風景化されているからだろう。朝露に濡れたクモの巣はよく百姓の眼につくものだ。まして有機農業や減農薬農業なら、なおさら気になるが、それを風景としてとらえるのは、新しい。

⑥文化現象

ススキが多いのは私にとっては意外だった。たしかに道端などに増えてきたこともあるが、ススキの穂を飾ったりして、鑑賞する文化が影響しているのだろう。

⑦コスモスの登場

コスモスが登場してきたのには、時代だなあ、と感じた。景観作物なのだから、登場しないのが不思議なのだが。

⑧外来種へのまなざし

外来種の存在への嫌悪感を記述していた人が四人もいた。自分の田畑への新しい外来の侵入種にすぐ気づく百姓は、いい百姓だ。当然、名前を呼ぶこともない新顔の草への違和感は大切にしたい。それが風景化されるほどに繁殖し、百姓の心の中を浸食していくのは心配である。

⑨風景化の多様さ

一例だけの種も多いのは、風景とはその人の情感が投影されたものだから、当然であろう。ユスリ蚊が二例挙がっているが、たぶんユスリ蚊の蚊柱かクモの巣にかかったユスリ蚊の風景だろう。これなどは、百姓でないと気づかないし、それにそれを風景として見るのには、ユスリ蚊に対する情愛がないと、たぶんこんなアンケートでも思い出すことはないだろう。

カエルや赤トンボや彼岸花にしても、同じ風景に見えているのでないことはたしかだ。これを「彼岸花の景観」と言ってしまうと、共通の情感があるような気になるので危険だろう。

⑩作物の風景化は難しい

稲の一一例は、多いというべきだろうか。少ないと言うべきだろうか。麦が三例、野菜の花が四例あるのも同様だ。百姓は普段は、稲や田んぼや野菜畑を「風景」としては見ないものだ。それは風景化される前の「ただの風景」であり、自分が住んでいる世界であることは再三述べてきた。しかし、風景化もたまには、少しは行われていると見るべきだろう。

同じ様なことは「柿」にも言える。果樹の中でも柿だけが四例も挙がっているのは、作物としての柿よりも、村の庭先の風物としての柿の実を思い浮かべるからだろう。そのように柿の実は見られてきた伝統だろう。他の果樹も、その花や実が挙がってよさそうなのに、挙がらないのは、象徴的だ。蜜柑、リンゴの花や実はまだ風景化されていないのだろうか。

⑪生きものがいる場所はそれだけでは風景にはならない。そこには風景化しようという動機が必要になる。このアンケートは暮れから初春にかけて実施した。回答者は風景を思い出し、思い浮かべる作業を要求される。思い出さないものは風景ではないし、表現しようという気になれないものは風景にならない。

風景の中の生きもの、それを見つめるまなざし

私は小待宵草が好きだ。夜に咲く花だと言われているが、昼間から咲き始める。しかし、夜に咲く花は少ないので、「月見草」という呼び名はふさわしい。ところが、この草はいわゆる「侵入種」で、生態系を壊すと、嫌わ

「月見草」という呼び名がふさわしい小待宵草。月の出ている夜は黄色い花が浮かんでいるようだ

れている。

かつて私は福岡県の農業大学校に勤めていたことがある。車で二時間もかかっていたので、夏でも帰宅するともう暗くなっていた。すぐに暗い夜道を通って、田んぼの見回りにいくのが習慣になった。すると、いつも田んぼの入口でこの花が迎えてくれるのだ。地面に這うように広がって、薄い黄色の花を咲かせる。とくに月の出ている夜は、花が浮かんでいるようで、嬉しくなる。長い通勤時間も忘れてしまうことができた。

小待宵草は新参の草だから、なかなか田んぼの畦の奥までは入れないでいる。なぜなら在来の草がしっかり陣地を張っているからだ。田んぼの入り口は車を止めるので、草が少ない（いわゆる攪乱が大きい）。その隙間に入りこんだのだろう。したがって、車が入る場所から先には侵入できないでいる。これも可愛い理由である。どうやって、この村に来たのかは知らない。どこの国から来たのかも知らない。でも私は、そろそろ受け入れてもいいと思っている。

このように書くと、それは小待宵草のことであって、風景ではないと思う人もいるだろう。たしかに私は小待宵草のことを思い浮かべているのだが、同時にこの花が入り口で咲いている田んぼの光景の中で思い浮かべている。これは小待宵草が中心に座る風景なのである。生きものは世界の中で生きている。その世界と人間の関係がはっきり自覚できるときに、生きものは世界を代表してくれる。百姓が生きもののことを語るということは、科学的な語り方とは異なり、その生きものが生きている世界も同時に語ることになる。その世界を表現するときに、それは生きものがいる風景になるのである。

もちろんただの草に過ぎない小待宵草を風景にするには、私が百姓仕事との関係に気づいて、そこに価値を見出しているからだ。この場合は奥の畦の草刈りと車止めの場所、そして夜の田まわりという仕事と小待宵草の関係が見えているから、人に語ろうと思うし、語る言葉が生まれてくる。

百姓のまなざしの深さ

同じ緑でも違って見える

旅行者は、田畑の緑や山の緑を眼にして、田舎の自然の輝きが眼にしみるだろう。「緑が生きてますね」という声を聞くと、その通りだと思う。その緑は千木千草の命の集合だからだ。生の炎が立ちこめ、その気配は確実にこちらに伝わってくる。しかし、旅行者にはその千木千草の違いが見えない。眼に優しいですね、心が落ち着きますね、といわれている緑は、じつは林を覆い尽くそうとしている葛の葉であり、みかん園に侵入してきた真竹の林であるかもしれないのだ。そういう時の在所の人間の見る眼は、その緑が無惨に見え、見たくもない風景になっているだろう。

同じように、単なる緑と形容されるその風景が、自分が丹誠込めて手入れしているみかん園や田んぼや山林であれば、その緑は今年の天候や手入れの内容を表しているメッセージとして受け取るものである。その緑は、作物の様子であり、作物の声である。一喜一憂する様子なのである。このように、旅行者の見る緑は、風景そのものであり、在所の百姓が見る緑は、風景化される前の作物や自然の様子なのである。それが風景化されたときには、同じ風景でも違って見えるのは当然であろう。

百姓が眺める在所の田畑や里や山の風景は、情が深いのである。自分の情が深いだけでなく、それに呼応する自然の生きものから立ちこめる情に敏感に反応するからだ。この交感が風景化を妨げることが多い。「それは風景などというものではなく、生きものの様子なのだ」と百姓はいつも言いたいものなのだ。しかし、それはむしろ風景としての方が伝わりやすいのかもしれない。人間同士が、とくに在所の人間と他所の人間がコミュニケーションを図るためには、風景化した方が伝わりやすい。それもそのはず、風景化とは伝えるための表現化だったのだから。

そこで、風景を薄っぺらにしないためにも、百姓の情愛をつぎ込む仕事を通して、風景を語り、表現することが必要なのである。

百姓の美意識

百姓の美意識というものがあるのならば、それは当然ながら「仕事・手入れ」のできばえを反映したものになる。したがって、つい風景の美しさというよりも、作物のできばえの見事さや美しさへの関心に傾きそうになる。別にそれを押しとどめる必要もない。風景化もそういう美意識によって、行われることを知っておけばいい。

ところが一旦「風景化」されてしまうと、なかなか饒舌になる。アンケート全体から、百姓の美意識というようなものを抽出してみよう。こうして百姓がおおっぴらにそれを表出するのは、まだ新しいことなのである。ただ、「美」は語らなくても、心地いいもの、美しいものは言葉にしていた。その美しいものの着眼が百姓らしい。

（ア）美しい田畑の様子（美しいと言うよりも嬉しい、好きだという気持ちに近い）

：雪が消え、畦に草が出てくる

：早春の田んぼに、赤蛙や霞山椒魚の卵塊が見られること

：眠っていた田んぼがまたたく間に緑のじゅうたんに変わっていくとき

田んぼの生き物調査の様子。ハチマキ姿が著者

・水に景色が映って美しい。水面が鏡のようできれい。鏡の中に住んでいる気分
・早朝のクモの巣が露に濡れていた田んぼ
・稲刈りあとの田んぼの水たまり
・麦踏みあとの縞模様
・在来の草花が咲く手入れされた畦
・草の茂っている田んぼは嫌だ
・農道なのに、アスファルト舗装しているのはよくない

(イ) 作物への情愛が美しい作物となる

・麦の穂が出揃ったとき
・麦秋
・夏の朝、葉の先でキラキラ光っている露玉をつけている稲田
・そよ風にゆれる稲穂と雀おどし
・はざかけの稲より香ってくるにおい
・夏の田んぼの稲にはツバメが似合う

(ウ) 生きものへの情愛が美しい生きものを見る

・月明かりの中で鳴くカエル
・田畑で仕事をしている百姓について回る薄羽黄トンボの群
・稲刈りが始まりバッタやイナゴが飛び回る
・彼岸花にアゲハチョウが集まって蜜を吸う
・田んぼにサギやカモが降り立ち、エサを食べている風景
・ツバメが少なくなってきたのが心配

(エ) くらし自体がいいものだ

・田畑で働いている人がいるとうれしくなる
・下校途中に田んぼの中をのぞき込む子供たちのいる畦道
・畦でお茶しながら、おしゃべりをしている風景
・燻炭をつくっているときの煙
・子どもたちが田んぼで生き物をとって遊んでいる光景
・桜の木の下で、野良仕事の合間に昼を食べている風景
・田んぼに百姓が見あたらないのがさびしい

（オ）百姓が生きている世界がいとおしい

・春が来て、ヒバリの声が聞こえる下で鍬を使っている風景
・田植直前、辺り一面に水が張られていて、太陽の光がキラキラ反射している風景
・田んぼから眺める入道雲の空
・稲の緑の葉が風になびくとき。稲面を渡る風
・夕焼けの空の赤トンボの群れ
・稲穂が垂れた黄金色の田んぼの向こうに沈む夕日
・稲刈りが終わると、一日にして冬景色になる

別のまとめ方をしてみよう。

【百姓仕事】何よりも、手抜きされている田畑や山林は美しくない。よく手入れされた田畑山林が美しい。したがって、よく刈られている畦道は美しいが、草が伸びている畦道は見苦しい。同じように草が生えていない田畑は美しいが、草が目立つ田畑は醜悪である。それに対して、いや田畑の中にも草が生えていないと生物多様性が失われますから、という反論はほとんど無力だろう。なぜなら、生物多様性は畦までは風景化できるかもしれないが、田畑の中では風景化するまでは、まだ二〇年はかかると思われるからだ。

【作物】作物への情愛は何物にも優るものだ。情愛があるからこそ、稲や野菜は美しく、葉の上

の露やクモの巣やその上の青空までもが美しい。この場合の美しさとは一本、一株ごとの作物というよりも、田んぼや畑全体の作物がいとおしいので、表現も広がっている。

【生きもの】生きものそれ自体が独立してはいない。かならず作物の上や、田畑の中で語られてこそ情愛が示される。それは生きものの生きる世界と生きものの生に対して敏感だからであろう。

【世界】案外、生きているこの世界が語られているものだと思った。この世へのいとおしさ、在所の世界への情愛の前には、ナショナリズムはもちろんのことパトリオティズム（愛郷心）すらも色あせて見えるのは当然だろう。ほんとうの共同体とはこうした人間も含めた生きものの生が横溢した世界なのではないだろうか。

百姓の哀しみ

次のアンケートの回答で、私は何よりも、この哀しみを表現した言葉にほとんど重複がないことに驚いた。これほどさまざまに表現できるものかと驚嘆したのだった。これが「景観」とは本質的に異なる「風景」世界なのだ。こうした情念と分かちがたくくっついてとらえられるのは、百姓の情が深いのである。

この畦への除草剤散布という現象は、最近の新しい農業技術がもたらしたものである。回答者のほとんどは農と自然の研究所という、農業と自然の関係に深く眼を向けていこうとするＮＰＯの会員の百姓だから、批判的なまなざしになっているのは当然のことだが、これは未だに進行する「農業近代化」に対する伝統の側からの厳しいまなざしである。

　このまなざしの深さと、豊かさと、厳しさはどこから来るものだろうか。それは回答によく表れている。生が失われる哀しみと、仕事が壊れていく哀しみと、そして自分たちが生きている世界が荒れていく哀しみに裏打ちされている。この最後の世界荒廃の哀しみを風景として表すためにも、この百姓たちのまなざしの哀しみが不可欠なのだ。この哀しみをこの現象を招来した社会の根底に向けないと、単に除草剤を散布している百姓を批判する愚を犯しかねない。かつて農薬を散布する百姓だけを悪者扱いする運動があったようにはしたくない。風景を武器に、一矢報いる対象は、仲間の百姓ではなく、その百姓の中の近代化志向をさらに刺激し続ける社会のしくみであり、時代精神なのだ。

アンケート結果の紹介

アンケートで、すべての百姓がもれなく回答した問いが一つだけあった。それはこの項目だった。

【「除草剤で立ち枯れした畦の風景」をどう思いますか？】（設問 No.13）

それだけ現実的な問題になってきている証拠だとは思うが、それにしても表現がこれほど多彩に出るとは驚きだった。【　】内は私が後から分類したもの。

【批判的】

：見ばえが悪い。自分も一部で使用しているが、草刈りは夏の暑い中は重労働です

：異様な感じがする

：不愉快

：人間が一方的に雑草を枯らしているようで、悲しい

：不自然

：よく管理された圃場だとは思うが、日本の稲作農業の優等生かな？

：日本の生産力に反する違和感を持つ

：すごく淋しい。日本も先行きがわからない

：みっともない

：見たくない

：情けない気持ちになる

：醜い

：枯れた草の臭いが嫌いだ

：きたない

：きれいなものではない

：殺伐としている。腐臭漂う

：汚い。畦がズブズブになるのは、1、2年だけで何年か続けているとそれなりに固まると言う人がいます

：百姓の苦悩を感じる

：生きものの死を連想する

：田んぼの神様と生きものたちにごめんなさい

：残念

：草刈りのつらさはわかるが残念である

：悲しい。悲しくなる

：何となく物悲しい

：あまり身近では見たことはない

が、たまに車で出かけると、畦が枯れていて痛々しい。悲鳴のようなものを感じる ：あわれ ：切ない ：命が感じられない ：わが身を削られるような思い ：自然が殺されたという不快感 ：モンサント社が喜ぶだろうなあと思っている ：コストダウンだけでは、農業がだめになる ：生き物は人間だけではないのに ：わびしい ：さびしい思いに似ている ：最終的な手段ですね ：死の世界 ：多くの生き物への虐殺行為ですね ：生命感がない ：虫が減っていく ：おろか ：あまりの緑の畦と似合わず美しくない ：近寄りたくない ：ひどい ：ムカムカ	：違和感を感じる。殺風景 ：茶色は合わない ：あまりにも殺伐とした風景 ：気持ちが受け入れ難い ：命の断絶を感じる ：本当にイヤな気分。でもお年寄りがされていると、何となく！ ：立ち枯れした草には申し訳ないけど、その場を通るのを避けたいです。草刈りに手間をかけられない理由を自分なりにその家のことを思い浮かべます。おじさんは体の具合が悪いのかなーなどと ：これが百姓の現実だ ：最近年を追うごとに増えてきたなあと思います。米の価格がこれだけ下がってくるとしかたがないとは思いますが、景観的にはゼロです ：見苦しい、が草刈りを代行する元気はない ：何とかしなければ ：夏枯れに不感症な人は、都会にも田舎にも多い ：とても気持ちが悪い。年取って、草刈りが出来なくなってやむをえ

ないならいざしらず、若い人が除草剤使っているのを見たら腹が立つ

：この人とつきあえるかな？

：かなしい。最後はどうなるか心配

：さみしい

：草があると悪いという思想で農業は営まれてきた

：農民の自殺行為。資本主義の勝利

：土壌が汚染されていくのではないかと不安になる

：自然破壊。人手がないのかな

：FSR（百姓の社会的責任）について、すべての農業関係者に啓発する必要ありと思う

：息子も孫も跡を継がないあの家とあの家が思い浮かぶ

：そこまでしないと業として成り立たなくなっている日本農業の実態にむなしくなる

：悲しい。畦に咲く小さな草花を見たいと思う。ただ、一人で8ヘクタールも耕作しているおじいちゃんを見ると今の現状では何も言えなくなる

：私の周辺では畦に除草剤をまく人はいない。鹿児島大学農場で立ち枯れした畦を見たときは唖然とした。高速道路の路肩やJRの線路の除草剤で枯れた風景を見ると馬鹿かと思う

：昔は畦豆などを植え、少しでも土地を利用したものだが、土の貧弱に心が痛む

【揺れる心】

：使いたくないという気持ちと労働力不足のための仕方がないという複雑な気持ち

：寂しい気持ちと同時に、草とりの大変さを思うと、責めたりはできないなあ、と思います

：そう気にはならない

：畦が崩れる

：除草剤が田んぼに少しでも入らないかと気になる

：大切な米などを育て、野菜を育てるためには、仕方がないと思う

：好きではないが、作業の労力を考えると複雑

：いろいろ考えると「仕方ない」のかも

変化への嫌悪・近代化論

近代化を拒否した風景

ところで、この章の最初の二一〇ページの「百姓が好きな風景」のうち私が整理した【その他】のまとまりを読むと気がつくことがある。それは失われたものへの哀惜である。

その中からいくつかを拾ってみると、

①家族

・家族そろって農作業に汗かいて、一日の終わりにながめる夕焼け
・牛耕した日々、ハエの多い中、蚊の多い中の生活。ノミもおった
・家中総出で農作業の合間にお昼を食べている様子
・家族総出で農作業をしている
・年老いた父母が畑で働き、野菜を育て、収穫している姿
・家畜の世話をしている
・子どもが農作業を手伝っている
・子どもたちが田んぼで生き物をとって遊んでいる光景
・田んぼの畦道を子どもたちが通っている姿

②仕事

・百姓が田畑で働いているところ（やや多い）

・田んぼに働く人がいる風景（多い）

・地道に耕作を続ける農民の姿

・田んぼで人々が一服している風景

・桜の木の下で、野良仕事の合間に昼を食べている風景

③施設

・手入れされた竹林

・山桜の脇を行く野良の道

・燻炭をつくっているときの煙

・田んぼの横の堀

・在来の草花が咲く手入れされた畦

・田んぼにサギやカモが降り立ち、エサを食べている風景

・山羊や鶏が自由に青々とした草をはむ風景

・無舗装の農道

・小さな祠やお地蔵さん

・畑の隅に積まれていた堆肥の山

…水路にいつもきれいな水が流れていた

大きく分けると、①家族そろっての仕事や食事の風景、子ども達が野良で遊ぶ風景、②村中に野良仕事する人があふれていた風景、③圃場整備される前の風景、汚染される前の水や水路の風景、昔ながらのお宮や森、などがあげられるだろう。

ところで、近代化してはいけない仕事とは、何だろうか。これに答えることは至難の業だ。それほど近代化は百姓仕事や百姓ぐらしの隅々まで行き渡ろうとしているし、それへの抵抗も年々切り崩されてきた。

せめて、自然に働きかける百姓仕事の本体に手をつけさせないことだが、その本体とはひとりひとりがいくつか大切なもので、断固守れるものを設定して、砦を築くしかないだろう。たとえば、畦草刈りは年に六回する、毎日田まわりに行く、夏野菜だけは自給する、子どもに田植と稲刈りは手伝わせる、というような自家だけの矜持を守ることが大切だろう。

生きものに近代化を要求できるのか

最後に生きものと近代化の関係を考えたい。人間の労働を近代化できたことが、生きものに対して人間が傲慢になった原因だろう。労働時間の短縮、つまり労働の効率を上げることを、人間の生の効率を上げることと同じように見始めたのではないか。生きもの相手の仕事なのに、相手の生きものそのものに生の効率を求め始めたのではないだろうか。たとえば稲の早生を作付けすることによって、早く稲作を終了することができる。各地で早生化が進んだ。これは人間の労働の短縮であるよりも、稲の生に短縮を求めているのではないか。これは稲に依存する虫たちにも生の短縮を押しつけることになってくる。田植を早くすることもこれと似ている。生きものに早く田んぼに来て、生をはじめよと言っているようなものだ。私はこれらの技術を非難しているのではない。それによって影響を受ける生きものへのまなざしがないことが、近代化技術の最大の欠陥だと言いたいのだ。

わが家の田んぼでは、沼ガエルのオタマジャクシは田植後約三〇日で足が生え始める。その間は、水を切らせない。しっかり田まわりして、気をつけている。一泊して外出することも控えざるをえない。そこで、私が沼ガエルに「ねえ相談だが、田まわりを近代化するために、足を生やすのを二、三日早めてもらうわけにはいかないだろうか」と話を持ちかけたらどうだろうか。沼ガエルはいっぺんに私を軽蔑するだろう。しかし、このようなことを農業の近代化技術は平気で行ってきたのではないか。

第6章
永遠のただの風景

現代日本では、自然も風景も変化するものだというのが常識になってしまった。変化を進歩と言い換えた近代化精神のすごさが、社会と私たちの精神の隅々にまで及んでいる。せめて、名所旧跡型の風景なら、そのままに残したいと誰しも考えるようになったのは、その代償かもしれない。しかし、私は「ただの風景」も変化させないで引き継げないものかと考える。

死後にのこす四季

道元の歌「春は花、夏ほととぎす、秋は月、冬雪さえて涼しかりけり」をもとに、良寛は辞世の歌を詠んだ。

形見とて、何か残さん、春は花、山ほととぎす、秋はもみじ葉

良寛はほぼ村の中に住んでいたので、百姓の心情に寄り添った歌に変えることができたのだろう。自分が死んでも、繰り返す四季を残すことができたなら、何の心残りがあろうか、と歌う心境は、百姓のものとほとんど変わらない。百姓は、自分が死んでも、田畑を耕し続け、山の手入れをしてくれる子孫がいる限り、田畑や山の四季は永遠に続くことができる、そのことを想像することができるなら、あの世に安んじて旅立つことができる、と実感していた。

まして、かつて近代化される前までは、私たちの死後は、ふるさとの山に登って、祖霊となる、と信じられていたのだから。この場合の四季は、自然は、風物は、在所の見慣れた「ただの四季」でなければならない。見慣れているから、ありふれていて、特別なものではない。だからこそ、安堵し、安らかな気持ちで、帰っていくことができる。

その、四季や自然が大きく変容してきた。破壊されて、原型をとどめない風景もあれば、放棄されて見る影もない風景もある。死後に帰っていく場が、失われていく。このことにいたたまれない気持ちになることがある。

近代化思想は、このことを正当化する言説も具備している。「死んだら、すべておしまいですよ。生きている内にいい目にあいましょう」というわけなのだろう。

ところで、「春は花、山ほととぎす、秋はもみじ葉」というのは、風景だろうか。自然だろうか。正確に言えば、どちらでもない。なぜなら当時は、自然環境を指す「自然」も、「風景」という概念も日本には存在しなかったからだ。しかし、良寛は花とホトトギスと紅葉に代表させて、風景や自然をも含むもっと広く深い世界を思い描いている。景観では、こうした世界は表現できないのではないだろうか。風景も危ないところへさしかかっているが、踏みとどまりたいものだ。

ただの風景の価値

消極的な価値が一番大事

出穂期が過ぎ、取り残した稗《ヒエ》の穂が伸びて、稲よりも高くなる。今日は鎌でその稗を株元から刈って歩く。ふと気づくと、赤トンボ（精霊トンボ・薄羽黄トンボ）が私のまわりに寄って群れ飛んでいる。私が田んぼの中を歩きながら、稲をかき分けるたびに、稲の葉にとまっているツマグロヨコバイやウンカが飛び跳ねる。赤トンボから見ると、私はトンボのエサを引きつけて歩いているように見えることだろう。しかも、百姓の私が赤トンボを捕まえたり追い払ったりしないことまで知っている。こんなに人間を恐れない生きものも少ないだろう。遠くから私を見ている人間がいたら、私は赤トンボの群れを引き連れて、田んぼの中を歩いているように見えるだろう。しかし、だれも私の姿など見つめることもない。ありふれた風景だからだ。

私もまた、本書を書かなければ、このようなことをとりたてて語ることもない。たしかにいつも、そのときには「ああっ、今年もまた赤トンボにとり囲まれているな」と悪い気持ちはしない。いいものだとは思う。しかし、それも数時間もすればすぐに忘れてしまうものである。でも、人生とはこういう価値とも思えないものに支えられて、成り立っているのではないだろうか、と思う。これを「ただの価値」と呼びたい。

ただの価値は、ことさらに意識するものではないが、場合によってはことさらに強調しなければならない。それは平気でただの価値を踏みにじる思想に対抗するためにだ。静かに抱きしめ、すぐに忘れ、また出会って包まれ、また忘れてしまうものとして、そこにあり続ける世界のために、私は一肌脱ぎたいと思って来た。「ただの風景」をことさらに言挙げするのもその一環である。

ただの風景の個性

そこに住んでいる人には見慣れた「ただの風景」と、旅行者が他のところと比べて決めるありふれたという意味での「ただの風景」とは、同じ言葉で表現しても、全く異なる。旅行者にはありふれた田んぼに見えるが、在所の人間にとってただの風景は、とりたてて自慢することはないが、自分たちの仕事と暮らしが否が応でも反映した「かけがえのない風景」である。そのかけがえのなさは、その個性は、その人でないとわからないのに、ふだんはほとんど顧みない「ただの風景」である。畦の高さの由来や、畦に生える野の花の姿は、その百姓にしかわからない。それなのに、それを風景として表現することはほとんどない。

よく「何にもない村ですが……」と謙遜するのは、ほんとうはかけがえのない村ですが、表面だけ比較すればありふれた「ただの村」という意味である。それは相手もわかって聞いているのである。しかし、それが風景化され、表現を獲得すれば、かけがえのない風景になるのである。

くり返す自然と永続する百姓仕事

仕事と労働のちがい

仕事と技術の関係は第3章で語ったので、ここでは仕事と労働の関係を説明しよう。なぜなら、仕事が労働に変化したから、風景も荒れてきたように思えるからだ。百姓仕事の他の産業にはない最大の特徴は、百姓は何一つ「つくって」いないことだ。製造していないことだ。稲やキャベツは誰がつくっているのだろうか。稲やキャベツが、自然に育っているのである。もちろん太陽の光や水や土や他の生きものの力を借りながら、育っているのである。それは「自然の力でつくられている」と言えないこともない。百姓はと言えば、手入れをしているだけである。もちろん、この手入れがあればこそ、作物はよく育つ。自然の力も発揮される。百姓が種をまかなければ、土をつくらなければ、稲も野菜も育たない。しかし、百姓はこのことを「稲をつくる」「野菜をつくる」とは言わなかった。現在では平気で言うのは、仕事が労働になってきたからである。人間が主体・主役になってするのが労働だからである。

一昔前までは米も野菜も果樹も「とれる」「できる」「なる」と表現してきたのは、こういう事情を雄弁に語っている。米も大根も、自然のめぐみだった。したがって、自然との関係こそが、百姓仕事の中では最大の関心事だった。その仕事が、次第に労働に変化してきたのは、社会の価値観がそのように農業を見るようになったからだ。農業を理論化し、指導しようとした農学が、そういう見方を百姓に押しつけたからだ、とも言えよう。もっとも当の農学には押しつけたという意識はなく、近代化した、と言うにちがいない。そうなのだ、これが農業の近代化の最大の功績、もたらした変化だと言えよう。

その結果、風景のとらえ方はどのように変質したのだろうか。自然と風景の本性は、変化しないものだったのが、変化を容認し、変化を期待するようになったのである。新しい景観は進歩の証として肯定され、変化しない景観は遅れている風景に見えるようになった。広々した長方形の田んぼ、コンクリートの水路は労働生産性を上げるための変化であり、輝いて見えないはずがなかった。トラクターや田植機の運転は、たしかに百姓仕事と言うよりも農業労働という方がぴったりするような印象である。手作業の百姓仕事の風景は、機械作業の風景に変化した。だれもそのことを危惧することはなかった。しかし、重要な変化もまた、同時に付随して進行していった。なにより、自然の内実（生きもの）が見えにくくなっていった。百姓も薄情になっていった。

ところが、それが転換する兆しが見えてきた。変わらぬ風景が再評価されるようになった。棚田の風景や掛け干しの風景やコウノトリの風景が、もてはやされるようになってきた。なぜだろうか。仕事の労働への変化に、うんざりし始めたのである。農業労働は、自己疎外しない労働だ、などという幻想が醒めたのである。少なくとも農業の外側からは、百姓には自然に働きかける仕事のままであってほしいという、勝手な夢が期待されるようになったのである。

変化への反逆

しかし、百姓にはよくわかっているのだ。狭い田んぼを耕し続けてきたのは、決して労働生産性を拒否し、仕事が労働に堕落することを意図的に拒否して来た結果ではない。近代化したい気持ちもあったのに、できなかったのである。なぜできなかったのか。自分の体がそれになびかず、何より自然がそれを求めていないと感じられたからだ。田んぼを広くすることが、用水と排水を分離することが、近代化主義者の言うように、そんなにいいものとは思えなかったからだ。

変わらない風景を守ろうとしたのではない。風景とは、守るものでもなく、変化しようとしまいと、自分の生きる世界の一部として、そこにあるものだった。百姓の生き方は、近代化に雪崩をうって流れていくことはなかったのだ。しかし、近代化は進んでいった。よく見れば、自然の中に、近代化の傷跡が見つからないところはない。それは「風景」として表現してはじめて気づくことになることが多い。ところが、現実は水質悪化とか絶滅危惧種の増加とか、個別の現象でしか危機を表現できなかった。そうした思いが「ただの風景」の危機として表現されることはほとんどなかった。

ただの風景を守る政策

ドイツの環境支払い

ドイツで百姓に配布されているパンフレットに、私は釘付けになった。そこには草地に見られる二八種の草花が、カラーで印刷されていた。ありふれた種類は除いているそうだが、このうちの四種以上があれば、それだけ生物多様性に配慮した百姓仕事をしているということで、「環境支払い」の対象になるのだ。もちろん百姓自身が調査して、申告するしくみだった。二八種を選定するにあたっては、ずいぶん議論がたたかわされたそうだ。百姓仕事のやり方で、草花の種類は大きく変化する。そのことに政策の眼が向いていることに、感動した。たしかに、南ドイツの草地は一枚一枚、姿が異なっていた。実に多様な花が咲き乱れている草地があるかと思えば、単調な草地もあった。それが農法の差であり政策の差でもあることは明らかだった。

そのパンフレットの序文を再録しよう。

農村地域省大臣の序文（要約）

バーデン・ヴュルテンベルク州は、一九九二年以来、環境調和的な農業を進めてきた。野の花がいっぱい咲く草地は、その花の彩りで人間の眼を楽しませるだけでなく、多くの虫たちにとっても貴重な生息空間である。

これらの採草地はとても魅力的で生態的にも価値が高いが、その採草地に生育する飼料の価値は、今日の畜産にとっては低くなることも多い。そこでとくに多くの野の花が咲く、伝統的に維持されてきた乾草用採草地を維持するために、草地における特定の草花に対して、MEKAⅡによって環境支払いを行うようにした。

ある草地の「種の目録」は、草地の経営方法と草地の立地条件をありのままに映し出す。近代化しなければ、毎年同じ野の花が咲く。そこで粗放的な草地に対する新しい助成は、特徴のある草花を保全することになるので、従来のような経営手法を指定した硬直的で実行しにくい直接支払い制度にならずに済む。これによってバーデン・ヴュルテンベルク州は環境調和的農業の助成において新しい方法を切り開いた。このような革新的な手法のために、ドイツで初めて、採草地の花のカタログを作成した。このカタログによって、粗放的で、種が豊富な草地を確実に識別することが容易になった。

わが州にはまだ、このような花の多い採草地と牧草地が存在している。バーデン・ヴュルテンベルクの農民はMEKAⅡの助成によって、これらを州民のために維持できるのである。

*――「MEKAⅡ」とは、ドイツ語の「市場負担緩和と農耕景観保全のための調整金プログラム」の単語の頭文字をとった政策名で、Ⅱは二版の意味である。五〇項目の環境支払いのメニューが用意されていて、百

MEKA IIの中の
草地の草花への
直接支払いの
格付けマニュアル
(本文参照)

姓は好きなものを個人で申請して、支援金をもらう。

これは「野の花」を守る百姓仕事を支える政策である。同時に「野の花」が咲き乱れる草地の自然＝風景を守る政策である。この二八種のリスト＝指標は実によくできていた。百姓仕事と関係のない草花は除いて、かといって希少種はどこにでもないので除いて、適度に仕事が（攪乱が）行われている畑にしか咲かない草を指標化している。

私も実際に調査をさせてもらったが、草刈りしていない草地や三回以上草刈りしている草地では、四種以上は見つからず、一、二回草刈りしている草地では、日本人の私にもパンフレットのカラー写真を見ながら、容易に四種以上見つけることができた。

これはかつては、普通に咲いていた野の花とその風景を、つまり「ただの風景」を守る政策である。

風景を守る環境支払い

このMEKAⅡをそのまま日本に当てはめて、モデル化してみると、どうなるだろうか。

ここに「田んぼの生きもの三〇種のリスト」が写真入りである。田んぼの生きもの調査を実施して、このうちの一〇種以上が見つかれば、環境支払が申請できる、というようなスタイルになるだろう。これは私たちが提案している実現可能な政策メニューである。もちろんリストは、地域で作成しなければならないし、生きもの調査の研修会も準備しなければならないだろう。やろうとすればできないことはない。すでに福岡県では二〇〇五年からの「県民とはぐくむ農のめぐみモデル事業」で実証済みだ。これが田んぼの生物多様性によって支えられた風景を守る政策の一つである。

他にも生きものとそれによって生まれる風景を支える環境支払のメニューはいくらでも提案できる。それは百姓仕事が生み出す風景を評価する政策を組んでいけばいい話だ。自然や風景を支えている「百姓仕事」さえ見えれば、政策にすることは容易だ。今までの政治家や行政職員には、それが見えなかっただけである。

代かきや田植などの百姓仕事のほとんどが風景を形成している。したがって、田植にも

わが家の苗代。苗代づくりをする百姓も少なくなった

田植の時の風景とその後の田んぼの風景を支える仕事として、環境支払いの対象とすることもできる。しかし、田植は近代的な稲作であっても行われる。田植機による田植は当面は亡ぶことはない。畦草刈りへの環境支払いが急がれるのは、畦草刈りが除草剤に取って代わられようとしているからだ。なぜなら畦草刈りという百姓仕事を評価することができにくくなっているからだ。一方田植は、稲作のために必要不可欠な仕事であり、省くことができないので、危機に瀕していないように見える。

ところが田植だって、「手植え」はもう亡んでしまおうとしている。機械化で亡ぼうとしている。もし、手植えとセットになっている水苗代に、田植機による田植では代替できない価値があるのなら、「手植え」は残さなければならなかったのかもしれない。それが見えなかったから、手植えは滅びようとしている。水苗代と手植えはそれ自体も風景として価値があるが、生きものにとっても、たとえば殿様ガエルの産卵場所として西日本では欠かせなかった。しかし、それを評価するまなざしが日本社会になかったために、手植えを持続させる政策を誰も考えなかった。同じように「畦草刈り」の価値を認め、それを評価する政策がなければ、畦草刈りも除草剤散布によって近代化されてしまうだろう。

こう考えてくると、自然環境や風景を守る政策である「環境支払政策」は脱近代化政策であると言える。

日本ではなぜできないのか

日本で環境支払、つまり農業政策に環境政策が織り込まれにくい理由は、いくつもあるだろう。私は一番の理由は、近代化を反省する機運が乏しいからだと思う。

ドイツの七月、麦秋の畑が続く中に、あちこちで麦に混じって、ひなげしの赤い花を見かけた。「ええっ、麦畑に雑草の花が……」とつい思ってしまった。麦の収量に影響がない範囲で、雑草（失礼かな）も残す農法に、助成金が出ているのだった。減農薬、減化学肥料への助成金はもちろんのこと、堆肥の量や、麦まきの間隔、放牧の密度などによって、事細かな助成金のメニューが作成され（ＭＥＫＡⅡ）百姓は自主的にその中から選択して、申請するわけだ。こう書くと簡単なようだが、そうしたメニューをつくるためには、周到な基礎データが必要になる。また百姓だけでなく、市民にも開かれた議論がなければ、国民合意にはなり得ない。日本の行政に、最も欠けているところだ。

日本の百姓は「メダカやホタルやトンボじゃメシは食えない」と嘆く。確かに自然環境に配慮した農業をしたからといって、だれも誉めてはくれない。手厚い助成が受けられるわけでもない。しかし、「もう一度、あのホタルの乱舞を孫に見せてやりたい。メダカの泳ぐ川を取り戻したい」と人一倍思っているのも百姓なのだ。だから、メダカやホタルやトンボの価値を評価しようとしないしくみ（政策）を変えないまま、自然環境を大切にしましょうと言われると、反発したくなるのは当然だろう。

私たちの先祖は、カネで買えないものをたっぷり残してくれた。ドイツよりもはるかに豊かな自然をささえる仕事を残してくれた。確かに無意識に残してくれたのかも知れないが、その恩恵を享受し、さらに食いつぶしてきたのは、私たち現代人だった。全国で生まれる赤トンボは、農と自然の研究所の会員の調査では、日本全国で多めに見積もって約二〇〇億匹で、国民一人あたり、約二〇〇匹配分できることになる。この数をあなたは、どう思うだろうか。

今からでも遅くはない。自然環境がどういう百姓仕事によって支えられているかを、明らかにして、それが永続できるような税金の使い方を提案するしかない。ドイツの農業政策を参考にしながらも、日本的な、つまり自分がくらしている場からの、地域的な農業政策を提案する時代がもうそこまで来ている。

ナショナリズムと風景

志賀の限界と哀しみは現代人に通じる

渡辺京二の『逝きし世の面影』は、幕末から明治初期の外国人の日本滞在記を分析して、日本の近代化の本質を明白にした名著だが、次のような気になる引用がある。「日本人は狂信的な自然崇拝者である。ごく普通の労働者でさえ、お茶を満喫しながら同時に美しい景色をも堪能する。したがって茶店の位置も、眼を楽しませるという目的のために特別の配慮をして選んである」（スエンソン）「わたしは、日本人以上に自然の美について敏感な国民を知らない。田舎ではちょっと眺めの美しいところがあればどこでも、または、美しい木が一本あって気持ちのよい木蔭のかくれ家が旅人を休息に誘うかに見えるところがあればそんなところにも、あるいは草原を横切ってほとんど消えたような小径の途中でさえも、茶屋が一軒ある」（ボーヴォアル）

渡辺はこう指摘している。「徳川後期の日本人が四季折々の行楽をたのしむ人々であったことは、いまさらとり立てて述べる必要もない事実だ。……公園や郊外の田園でのどかに一日を過ごすという習慣はむろん西洋人とて知らなかったわけはなかろう。……しかしそれは貴族の趣味であって、庶民の楽しみではなかった。……自然のなかで休息し嬉戯する習慣が庶民のあいだにひろまっていることに注目しているのだ」

これらは当時の西洋人の感じた記録である。彼らが「日本人は自然が好きだ」と言うときの「自然」という概念は、当時の日本人は持っていなかった。しかし、私たちの先祖は、池の中のフナのまなざしで、自然の内側から情愛を込めて、花鳥風月を、天地有情を、森羅万象を、造化の妙を感じていた。まして旅に出れば、旅行者のまなざしで「ただの風景」にも楽しみを見出していた。したがって、西洋的な風景の発見は明治時代になってからかもしれないが、ただの風景は、江戸時代に発見されていたのかもしれない。たしかに在所のただの風景は当時も表現されていないが、表現されていないからと言って、先祖が見ていなかったとは言えない。私たちと同じように、それを表現する必要がなかっただけであろう。私たちはこの伝統を引き継いで、現代の農とただの風景の危機をきっかけにして、風景を救い出すための表現の一歩を踏み出すのである。仕事とくらしの情愛を振り捨てることなく、眼前のただの風景を、自前の言葉で静かに、そしてたしかに表現していきたいものだ。

再び小林秀雄の「美しい『花』がある、『花』の美しさといふ様なものはない」を思い起こす。昔の日本人はまさに、こういうとらえ方をしていたのだろう。つまり当時の日本人は、西洋人のように花の美を鑑賞していたのではない。花を花と美に分離しないで花そのものを観賞していたのである。同じように、自然を観賞していたのではない。自然の中の山や川や風や光や生きものを見つめていたのである。なぜならば、彼ら日本人は自然の外に出ることもなく、生きものから抽象的な概念である美を抽出することもなかったからである。なぜなら、花とともにある世界に没入していたので、その必要を感じなかったし、何よりも自然の外に出ることがなかったから、花を客観的に見つめ、美だけを引き出す位置など知らなかったからである。だからこそ、情念も深かった。

ところが、明治以降「自然」概念が輸入され、次第に日本人は自然の外に出る習慣を身につけていった。それと同時に、近代化される前の日本人と親和的な自然もまた変化していった。志賀重昂の哀しさは、自然を外から見ていることである。それは、彼が西洋から輸入した「地理学」を修めた科学者であったからである。何よりもナショナリズムは、近代の産物なのだから。

ナショナルな価値とは

「世界で一番美しい国」という評言は、日本人にとってとても嬉しい。現在日本の無様な風景をもたらしたものへの攻撃にも有効だ。この場合に私はつい「美しかった日本」というナショナリズムに寄りかかることになる。ここで誤解を招くことになる。私は、在所や日本各地の農村の自然と風景を荒廃させた犯人捜しをするために「日本の風景」ナショナリズムを持ち出す。「日本に比べれば、ドイツの村々には荒れた農地がない。じつに美しい風景でした」と私は数少ない外国体験にもかかわらず、雄弁に語ってしまうのは、日本のナショナルな価値としての風景を称揚しようとしているように思われるかもしれないが、そうではない。ナショナルの一部分にしか過ぎない地方の田舎の風景を守ろうとする気概が国家にないことを断罪しようとする魂胆があるからだ。

私は「日本の風景」を守ろうとは思わない。地方のただの風景を守ることなしに、「日本の風景」など守れるはずもなく、「日本の風景」を自慢する心情も育つことはないと思っているからだ。だからこそ、全国各地で田んぼの畦に除草剤を散布する技術を勧めている国の農政を批判してきた。そういう政府に、そういう国家に現代の「日本の風景」を自慢する資格はないと断言してきたのだ。ナショナリズム（愛国）はパトリオティズム（愛郷）を土台にしておかないと、暴走しやすくなる。これまでもパトリオティズムは常に国家のナショナリズムに利用され、踏み台にされてきた。しかしナショナリズムが国民国家によって意図的に教育されるものであることに対して、パトリオティズムは在所で育つ中で、自然に身につけていくものだ。そして時にはナショナリズムを支え、時にはナショナリズムに対抗する拠り所になるものだ。

なぜ明治初期までの世界で一番美しい「日本の風景」が、これほど荒れ果ててしまったのか、ナショナリズムを大切にする人たちは検証しなければならない、というのが私の主張なのだ。それはとりもなおさず、日本の「近代化」を問うことになる。とくに戦後農政の背骨となった近代化政策を断罪することになるので、ほとんどの人は尻込みする。

近代化政策は風景の上に「変化」を刻印してしまう。効率を求めるための技術革新は、当然のことながら、人間の自然への働きかけ方に変化を要請する。その要請に答えることをよしとする近代化精神を国家は教育で、私たち国民に染みこませてくれた。戦後の日本人はほとんどが近代化主義者に育った。だからこそ、日本はこれほどの経済成長を遂げ、一時はＧＤＰ世界二位の「先進国」になった。その傷跡が、地方の、とくに田畑や山野に深い傷跡として残った。それを近代化のためにはやむを得なかったと思うナショナリズムと、「醜い」と思うパトリオティズムが対峙し始めたのが、最近ではないか。

ナショナルな価値への期待

多くの年配の百姓が語る。「子どもの頃は、水路ではメダカがいっぱい泳いでいた。秋になるとあふれるぐらいのドジョウが獲れた」。このような話題には事欠かないだろう。ところが、これが百姓にとどまらず日本人の「原風景」だと言われると、疑問が湧いてくる。さらに「棚田は日本人の原風景だ」と、日本人論まで発展させられている。それが個人のレベルであれば、「それが、あなたの思い出の懐かしい風景ですね」で終わるものが、「日本人の原風景」と言われると、パトリオティズムをナショナリズムに格上げしようとする不純な動機が見え隠れする。言っている本人たちは、そういうことには無自覚でも、ナショナリズムに訴えて守りたいものがあるからだろう。このことは、正当だろうか。

「原風景」というとらえ方は、きわめて近代的な新しいとらえ方だろう。これも「風景化」されていることが、しかも思い出の中で、記憶の領域で「風景化」されていることが、前提になっている。単に「思い出」といえば済むものを「原風景」と呼ぶのは、どうしてだろうか。

私は本書で「近代化」という言葉を多用してきたし、しかもその意味は経済効率の追求や科学技術の浸透という「資本主義の発展（かつての文明開化の意味）」だけに議論を絞ってきたが、近代化とは（1）資本主義、（2）国民国家、（3）民主主義、がセットになって進行するものだというのは、もう常識になっている。この「国民国家」というものがなかなかの曲者《くせもの》で、つい「日本人」とか「日本農業」とか「東アジア共同体」などという時の基盤となってしまっているものである。しかし、国民国家という基盤をもった日本が成立したのは、たかだか一四〇年前のことである。この一四〇年間に日本人の原風景がしっかり共有されるようになったとはどうしても思えない。農村の風景を日本人の原風景にしたかったら、なぜそうならなかったのかをしっかり分析すべきだろう。ありふれた田舎の村が日本人の原風景であったなら、こんなに村が荒れるはずはなかっただろう。

国民国家がそこまで責任を負わなかったのは、近代化政策と矛盾・対立したからである。「農業関係者」の中には、原風景と原体験を強引に結びつけて、子どものうちに「農作業体験」をやらせておくと、農業の大切さを大人になっても忘れないから、学校教育の中で農業体験を義務づけるべきだ、と主張している人がいる。馬鹿げた思いこみだ。それなら、なぜ百姓自らが自家で子どもに体験させないのか、なぜそれができなくなってしまったのか。百姓でわが子に田植を体験(手伝いも含む)させているのは、数パーセントだという現実から眼をそらしてはならない。近代化を本気で問わない言説からは、ほんとうの脱近代の思想は育たない。

ナショナリズムとパトリオティズム

西洋由来の外からの視点によって、日本のそれまでは「ただの風景」だった山々の「自然美」が志賀重昂によって発見されたのは、明治二七年だった。私は幅五〇〇メートル奥行き二キロメートルほどの小さな谷の村で百姓しているが、この四分の一里四方の世界が少なくとも私にとっての自然の九九パーセントを占めている。つまり屋敷のささやかな庭、村の中の里道、田んぼへの畦道と田んぼや畑やみかん園と背後の里山が、私が手中にしている自然のほとんどである。もちろん、他所に出かけて、田んぼの生きもの調査などをその村の百姓に教えることもしばしばあるが、その田んぼや自然は私の世界ではない。

私の自然観はいつもこの在所の自然に戻ってくる。ただの風景が広がり、ただの生きものがいっぱいいて、なんの変哲もないところである。かつては、村から出たことのない日本人は多かった。それでその人の自然観や世界観に何の不都合もゆがみもなかったのである。狭い世界から、ちゃんと自然は見えるし、世界認識は形成される。他所の村に出かけたときにも、とまどうことはない。外国旅行をよくしている人が、世界の実態に明るいわけではない。話題の総量だって大して変化はないだろう。しかし、志賀重昂以降は、近代化以降は様変わりになったのではないだろうか。ナショナリズムは、在所から出たことのない人間にはなかなか育たない。パトリオティズムだけで十分だからである。それでは、国民国家の構成員としては、努力不足なのだと言われるようになる。「国家意識・ナショナリズム」は教育で、教え込むしかない。その教育の典型が、志賀の『日本風景論』だったのである。

私はこのことを批判するつもりはない。ただそのようにして、外からの輸入思想によってしか、日本的な風景は発見できなかったことをきちんと確認しておきたいだけである。そして、百姓の世界は相も変わらず、外からの概念によって「発見」が誘引されていることに、何となく不安が生じるからである。

たとえば「生物多様性」などという概念が一九九二年に唱えられる前は、日本にはそういう思想はほんとうになかったのだろうか。あったと思うが、それはそのようには表現されていなかっただけである。本書のテーマからはずれるので、ほどほどにしておくが、それは在所の世界に満ちている生きものへのまなざしであった。それを語る「生きもの語り」であったと私は思っている。

他所の村さえも行ったことのない年寄りが、「この村は世界で一番いい」というのは、比較しているのではなく、まさにその人の世界はここしかないのだから、そこでいい生きものや世界を毎日見て暮らしているのだから、それで何の不思議もない。ところが、いつの間にか「日本で一番いい」と言うときも「世界一」と言うときも、単位は国家である、と思うようになってしまった。これが教育の最大の成果である。たしかに狭い意味のナショナリズムとは、国民国家を大事にする心を指すが、ナショナリズムはそれが生まれる前のパトリオティズムを包含している。それを捨て去ることは国民国家にとっても危険ではないだろうか。なぜなら、風景に関してだけ言うなら、日本一でもなく、まして世界一でもなく、もちろん「日本の○○百選」などにも入ることもない「ただの風景」であっても、在所の風景がもっとも「いい」と思う気持ちがなければ、国土も守れないからだ。

そこで、最後に問わなければならない。在所の「ただの風景」の風景化を果たそうとすることは、ナショナリズムの強調なのか、パトリオティズムの保持なのだろうか。

百姓と国民のつながり

私がこの本で「ただの風景」を評価する糸口を探し出し、手法として、思想として、組み立てようとしたのは、伝えるためであった。伝えるためには表現しなければならない。表現しなければ伝わらない。その伝える方法が百姓の側にはあまりに貧弱だった。しかし、何のために伝えるのか、ともう一度問わなければならないだろう。それは、「ただの風景」として表現できる世界を守りたいからである。百姓仕事が支えてきた自然を守らねばならないと思うからである。それは、百姓自身のためでもあるが、先祖のため、子孫のためでもあるが、百姓以外の自然からのめぐみの受取り手の国民のためでもある。

現代日本人が「産直」「地産地消」あるいは「地元自給」「国内自給」を大事にしようとする気持ちは、ただ安全でおいしいものを安く手に入れるためではなかったと思う。自然に働きかけ、自然から食べものをひきだす百姓仕事が、食べものと一緒に、生きものなどの多くの自然のめぐみを引きだしてしまうこと、その生きものなどと一緒に生きるのは、百姓だけではなく、食べものの食べ手も同様

竹林の膨張は、里山の荒れのひとつのシグナルだ

であることを了解することではなかったのか。その共に生きる世界の姿の全体を「風景」として実感できることは幸せなことではないだろうか。

食べものがもたらされる自然の「ただの風景」は、食べもの同様に、百姓と食べ手の共有財産でもある。強引に自然から「富」だけを奪う生き方の無理は、風景の傷として表れてしまう。在所でくらす人間はそれを「変化」としてすぐに気づく。そして不安になる。一方、自然からの「めぐみ」をくり返しいただく生き方は、一方的な「変化」を生み出さず、何事もないかのようにくり返す。自然に働きかけるくらしと仕事が、繰り返す世界と繰り返さない世界は、表情や様子が異なるのは当然だろう。その違いを感じとる感性が、百姓の美意識だったと思う。たしかにくり返す自然の様子は「風景」としてとらえるときに、私たちに心地よさ、安心を伝えてくれる。そう感じる私たちが、昔からここにいる。こうした土台の上に、百姓と国民の共感が花開くなら、ただの風景は守られる、と私は思う。

なぜなら風景は、開かれているからだ。誰でもそこにたたずみ、感じて、包まれることができる。眼を背けることは簡単だが、眼を注ぐことを拒むことはない。そして、眼を閉じても浮かんでくる。

写真に撮り、人に語ることもでき、景観として分析することもできるが、一方では風景に没入し、風景であることも忘れ、その世界に包まれ、時の経つのも忘れることもできるほど、行ったり来たりすることもできる。そういう世界を百姓はずーっと用意してきた、と言える。

おわりに

「はじめに」で紹介した阿蘇の大草原が現在どうなっているかと言えば、荒廃の危機からかろうじて免れている。百姓と「グリーンストック運動」に参加している市民ボランティアの野焼き・輪地《わち》切《ぎ》りという百姓仕事によって、どうにか維持できている。先年、その姿をこの眼で見て、三度目の感銘を受けた。「日本農業」や「日本農政」では守れなかった日本を代表する農の風景の名所を、百姓と市民が守っているという事実は、感慨深い。このことを、本書では取り上げなかったが、深く学んで「ただの風景」に進んできたことをここに記しておきたい。

「風景などに手を染めてどうするつもりだ、ただでさえカネにならない生きものの世界の発掘や表現にのめり込んで、やっとその評価の筋道が見え始めたというのに、さらに難題を抱え込もうとしている」という心配には感謝したい。しかし、百姓仕事が「つくりかえた」自然の表情とその表現が風景であるならば、その風景が確実に荒れていっていることを放ってはおけない、と思ってきた。

百姓仕事を土台にした新しい風景のとらえ方を、これまでの農と自然の研究所の活動の成果を活かして提案しておかなければ、誰がやってくれるだろうか。やらねばならないという、何者かの要請に応えて、発念しているだけである。

ずいぶん前のことだが、農業の「多面的機能論」の登場によって、はじめてカネにならない世界に農業政策のまなざしが届いたように思えた。しかしこの思想には、百姓仕事の影が全く見えなかった。何よりも「機能」というとらえ方では、百姓の情念には手が届かないと思えた。これでは百姓仕事の伝統的な世界は支えることはできないし、自然のめぐみという伝統的なとらえ方も死ぬのではないか、と感じられた。そこで、多面的機能を支えている百姓仕事を掘り起こし、二〇〇〇年から田んぼの「生きもの調査」などという農業の新しい「土台技術」を考案して広めてきた。

同じように、農村の「ただの風景」も景観保全というような機能的な分析と評価では、百姓は本気で守れるだろうか、と不安になる。風景を細切れにして景観にすることよりも、風景を支えている百姓仕事に光をあてる思想をつくり広げたい、と思ってきた。農村のありふれた風景は自然の表現方法として、理論化を待っている。景観法が長年の町並み保存運動の成果として生まれたように、田舎の「ただの風景」を支える農業政策は、農村の「自然の生きものを守る百姓仕事を守る活動」から芽吹いてくるだろう。

自然の生きものを守るための「生きもの調査」がやっと全国に広がってきて、これもどうにか百姓仕事として認められそうな気がする。それに比べれば「ただの風景」は、これから百姓や研究者や行政者によって、もっと深く広く思想化・理論化・方法化しなければならないだろう。

努めて風景に関する本を読んできたが、ほとんどの本がすでに風景になった後を論じている。風景になる前や、風景になる過程に眼を向けている本はわずかだった。ましてや農村のありふれた「ただの風景」の危機を本気でとらえて救おうというものは、ほとんどなかった。本書で「ただの風景」を救出する手がかりは得られただろうか。

この本はもう五年も前に執筆することを決め、築地書館の土井二郎さんと約束を交わし、ことあるごとにあきらめずに催促していただいた。しかし、なかなか「ただの風景」を農の価値として評価させる方法を深めることができなかった。それができたのは、二〇〇八年に実施した農と自然の研究所の会員への「風景に対するアンケート調査」に、思いがけなく二〇〇九通もの回答が寄せられたからだ。そこにはただの風景が「風景化」された結果が山積みされていた。これをもとにした農と自然の研究所の会員同士の議論によって、私の論考はとても深まった。農と自然の研究所の会員のみなさんに深く感謝したい。とくに研究所の理事でもある山下惣一さんとのやりとりで、大きな示唆を受けたことを記しておきたい。

また偶然に、菅原潤さんの著作を目にし、日本と西洋の百姓以外の眼から見た風景論に深く触れなかったならば、私もこれほどの広がりを持った記述はできなかっただろうと思う。渡辺京二さんからは、言葉がないということはそれが指示するものもないというような主張と同列に見られてはいけないと指摘していただき、数か所を書き改めた。ともに、お礼を申し上げたい。

この本は、書き下ろしである。当初の原稿の四分の一ほどを妻きみよに削除してもらったので、ずいぶん読みやすくなったと思う。

風景という切り口で、必死で農を論じた本として、みなさんのまなざしの深まりに寄与できればと、こころから願っている。

●本書では、動植物の表記を標準的なカタカナ表記にあえて統一しませんでした。

資料：農と自然の研究所では、会員を中心に、2008 年 1~2 月に「風景についてのアンケート」調査を行った。記述式の 18 問に対する回答の中から 11 問について百姓の回答のみを、本書で紹介した。回答の全文を掲載した報告書は、2008 年 6 月に公刊した。

1、簡単な設問と回答

	百姓か		育った所		性別		年齢							
	百姓	非農家	田舎育ち	町育ち	女性	男性	10歳代	20代	30代	40代	50代	60代	70代	80以上
人数	100	109	150	55	64	141	2	6	29	41	59	47	17	4
割合(%)	48	52	73	27	31	69	1	3	14	20	29	23	8	2

全部で 209 人の方から回答を得た。当時の農と自然の研究所の会員が 880 人だったので、約 2 割の会員が回答してくれたことになる。その内訳は設問 1 の回答で上のようになる。

2、あなたが好きな農の風景は、どんな風景ですか？
【回答は本文 210~215p】

3、「風景」が荒れてきたと感じるのは、どんなところですか？
【回答は本文 105~108p】

4、風景を「名所旧跡タイプ」と「ありふれたタイプ」に分けて、思い浮かぶ風景を教えてください。 【回答は本文 13~16p】

5、あなたが百姓仕事の合間（休憩時間）に、風景を眺めるのはどうしてですか？ 【回答は本文 58~61p】

6、あなたがよく見る「農の風景」の中で、意識する生きものを、書いてください。 【回答は本文 237~239p】

7、身近な「風景」を、陰で支えている「百姓仕事」を探し出したいのですが、いくつかの例を考えてください。

【回答は本文 224～227p】

8、百姓仕事が生み出すもののうち、カネにならないものを、「風景」で表すと、どうなりますか？　【回答は本文 228～231p】

9. ありふれた風景なのに、心地よいのは、安堵するのは、癒されるのは、なぜだと思いますか？　【回答は本文 117～120p】

10、「田植直後の田んぼの風景」をどう思いますか？

11、「青々とした夏の田んぼの風景」をどう思いますか？

【回答は本文 85～87p】

12、「稲刈りした後の田んぼの風景」をどう思いますか？

13、「除草剤で立ち枯れした畦の風景」をどう思いますか？

【回答は本文 252～254p】

14、都会のように「他人の看板を立ててはいけない」「家の壁には5㎡以上の宣伝をしてはいけない」「外壁はけばけばしい色ではいけない」というように、景観条例で規制する方法は、田舎でも有効だと思いますか？　【回答は本文 190～193p】

15、農のありふれた風景を守るためには、どんな方法（知恵）が考えられますか？

16、あなたの幼い頃の風景で、一番印象に残っている風景は、どんなものですか？

17、風景に関係がある言い伝えやことわざがあったら教えてください。

18、ありふれた農の風景に取り組む「農と自然の研究所」の活動について、意見を。

参考文献

●農と自然の研究所と私の著作から、風景に関連するものをあげる

『農へのまなざし・ただの風景の発見』宇根豊　二〇〇八年（農と自然の研究所）
　百姓と百姓でない人の「ただの風景」に対するアンケート分析結果の報告書。百姓仕事を風景の中に見出す方法論を提案している。その主要部分を本書に引用した。

『風景を支える百姓仕事を支える政策』二〇〇二年（農と自然の研究所）
　ドイツの環境農業政策（MEKAⅡ）を日本に紹介したもの。とくに野の花の風景に着目し、日本への導入を提案している。

『生きもののポスターは語りかける』二〇〇四年（農と自然の研究所・環境創造舎）
　ドイツの村々などに貼られている農村環境に依存している生きもののポスターを取り上げて解説したもの。私はこういうポスターという表現物に着目した。りんご園の美しい風景も載っている。

『「百姓仕事」が自然をつくる』宇根豊　二〇〇一年（築地書館）
　自然を造りかえた百姓仕事への百姓の側からの本格的な論考。本書はその続編とも言える。

『天地有情の農学』宇根豊　二〇〇七年（コモンズ）
　近代化できないものの救出思想の創出に賭けた既成の農学批判と、新しい農学の提案。

●他の論者の著作でとくに深いと思われたもの

かなり多くの風景論の本を読んでみたが、すでに「風景」になった後を論じているものばかりだった。それに「ただの風景」を論じているものは、ほとんどなかった。その中でも数少ない「風景化」をしっかり受けとめたもの。

『農の美学』勝原文夫　一九七九年（論創社）　農学者による日本で最初にただの風景をとりあげた画期的な風景論。農村のありふれた風景を荒廃から守りたいという気持ちがなければ、こういう農学は生まれなかったという見本。

『〈イメージ〉の近代日本文学誌』木股知史　一九八八年（双文社出版）　勝原の視点に「ふるさと」の視点を加えて、ただの風景の発見に新しい扉を開いた。

『日本風景論』加藤典洋　二〇〇〇年（講談社文芸文庫）　底本は一九九〇年講談社刊のもの。勝原の論理を「風景化」という概念で整理し直し、歴史的な考察を加えた風景論。

『環境倫理学入門』菅原潤　二〇〇七年（昭和堂）　日本と西洋の風景論を整理して、著者の提案を出している意欲的でわかりやすい哲学書。近年のヨーロッパと日本の風景論の壁を突破しようとする意欲的な論考。

『日本のむらから未来を想像する』内山節　二〇〇九年（農文協・農村文化運動No.１９３）　人間と自然の関係を最も深くとらえている哲学者の論考は、百姓仕事の表現と評価に新しい道を開いてくれている。本書の自然認識は内山さんから学んだものを土台にしている。一番新しい論考をあげる。

『風景の哲学』安彦一恵・佐藤康邦　二〇〇二年（ナカニシヤ出版）　現代の東西の風景論の全容がよくわかる。

『美学への招待』佐々木健一　二〇〇四年（中公新書）　現代美学の関心の広さと向かっている方向が実によくわかった。「美しい」という言葉の意味がこれほどいい加減だったとは、感嘆するしかない。

『逝きし世の面影』渡辺京二　一九九八年（葦書房）　現在は「平凡社新書」として刊行。

　日本の明治以降の近代化で失われたものとは何だったのかを具体的に、しかも深く豊かに示している。

『翻訳の思想』柳父章　一九七七年（平凡社）　若いときに柳父に自然という言葉が翻訳語であることを教えてもらったことが、どれほど私の自然観を豊かに深く、そして屈折したものにしたか感謝に堪えない。

『景観概念の農業認識への統合とその応用に関する総合的研究』横川洋　二〇〇三年（文部科学省科研費基礎研究成果報告書）　横川洋は精力的にドイツの環境支払い制度を研究してきたが、とくに景観概念に着目してきた論考が多い。

『ドイツにおける任意参加の農業環境プログラム』横川洋、佐藤剛史、宇根豊　二〇〇三年（文部科学省科研費基礎研究成果報告書）　本文中にも引用した「ＭＥＫＡⅡ」を日本に紹介した論文である。

『西村幸夫風景論ノート』西村幸夫　二〇〇八年（鹿島出版会）　都市工学から景観をどう守るのかについて、精力的な論述をしてきた思いが伝わってくる。

●古典的な著作で、やはり読んでよかったと思ったもの

『日本風景論』志賀重昂　一九九五年（岩波文庫）　昭和一二年本の復刊。西洋の風景論を日本に持ち込み、日本独自の新しい名所旧跡の風景を論じた高名な書。元版は明治二七年の出版。

『武蔵野』国木田独歩　一九四九年（新潮文庫）　日本におけるただの風景の最初の発見の書。元版は一九〇一年の出版。

著者紹介——宇根　豊（うね　ゆたか）

一九五〇年長崎県島原市生まれ。一九七三年より福岡県農業改良普及員。一九七八年水田の減農薬運動を開始。「減農薬」「ただの虫」という言葉と「虫見板」は全国に広まった。一九八三年減農薬米の産直に初めて取り組み、福岡県では農薬散布回数は半減し、糸島・福岡市地域では、無農薬の田は珍しくない。百姓の実践を理論化するのが役目と自覚し、表現を鍛えてきた。

一九八九年念願かなって新規参入で百姓になる。一九九〇年より「環境稲作」を提唱し、ただの虫に代表される田んぼの自然を思想化してきた。

二〇〇〇年三月、福岡県を辞め、NPO法人「農と自然の研究所」を仲間と設立し、代表理事に。この特異な研究所は百姓仕事のカネにならない世界を掘り起こし、表現し、評価するしくみを形成してきた。生きもの調査を広め、環境支払いの提言を福岡県で実現し、農業生産の転換を画策してきた。研究所（会員九〇〇名）は一〇年間の時限を迎え、二〇一〇年四月に解散する。研究所が発行した書籍は四七点、一五万部に及び、その活動理論と思想は、今後の農業観の土台となって花咲くだろう。

これからは、百姓に専念し、新しい農本主義のたおやかな表現を掌中に収めて、人生を閉じる。

●主な著書

『百姓仕事」が自然をつくる』（築地書館）、『農と自然の復興』『虫見板で豊かな田んぼへ』（創森社）、『農はそこにいつもあたり前に存在しなければならない理由』（北星社）、『天地有情の農学』（コモンズ）、『田んぼの学校・入学編』『田の虫図鑑』『減農薬のイネつくり』（農文協）、『国民のための百姓学』（家の光協会）、『田んぼの忘れもの』（葦書房）、『農の扉の開け方』（全国農業改良普及支援協会）。伝記としては佐藤弘著『農は天地有情』（西日本新聞社）がある。

風景は百姓仕事がつくる

二〇一〇年三月二五日初版発行

著者――宇根豊

発行者――土井二郎

発行所――築地書館株式会社

東京都中央区築地七-四-四-二〇一　〒一〇四-〇〇四五

電話〇三-三五四二-三七三一　FAX〇三-三五四一-五七九九

振替〇〇一一〇-五-一九〇五七

ホームページ＝http://www.tsukiji-shokan.co.jp/

印刷・製本――シナノ印刷株式会社

装丁・装画――小林敏也（山猫あとりゑ）

ISBN978-4-8067-1396-8　C0061

築地書館の農業書

「百姓仕事」が自然をつくる

——2400年目の赤トンボ

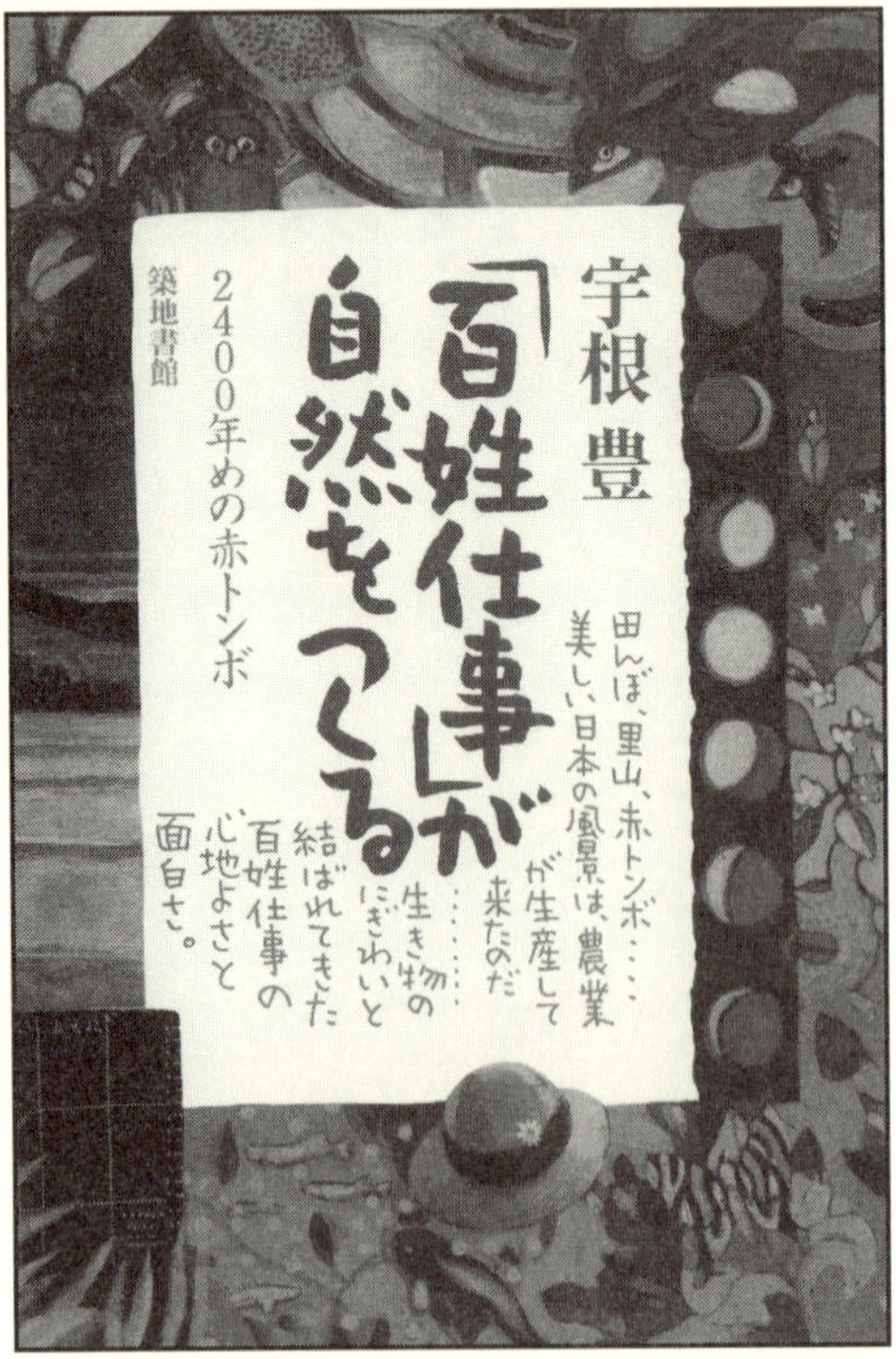

宇根豊［著］　定価：本体1600円＋税

田んぼ、里山、赤トンボ……美しい日本の風景は、農業が生産してきたのだ。生き物のにぎわいと結ばれてきた百姓仕事の心地よさと面白さを語り尽くす、ニッポン農業再生宣言。

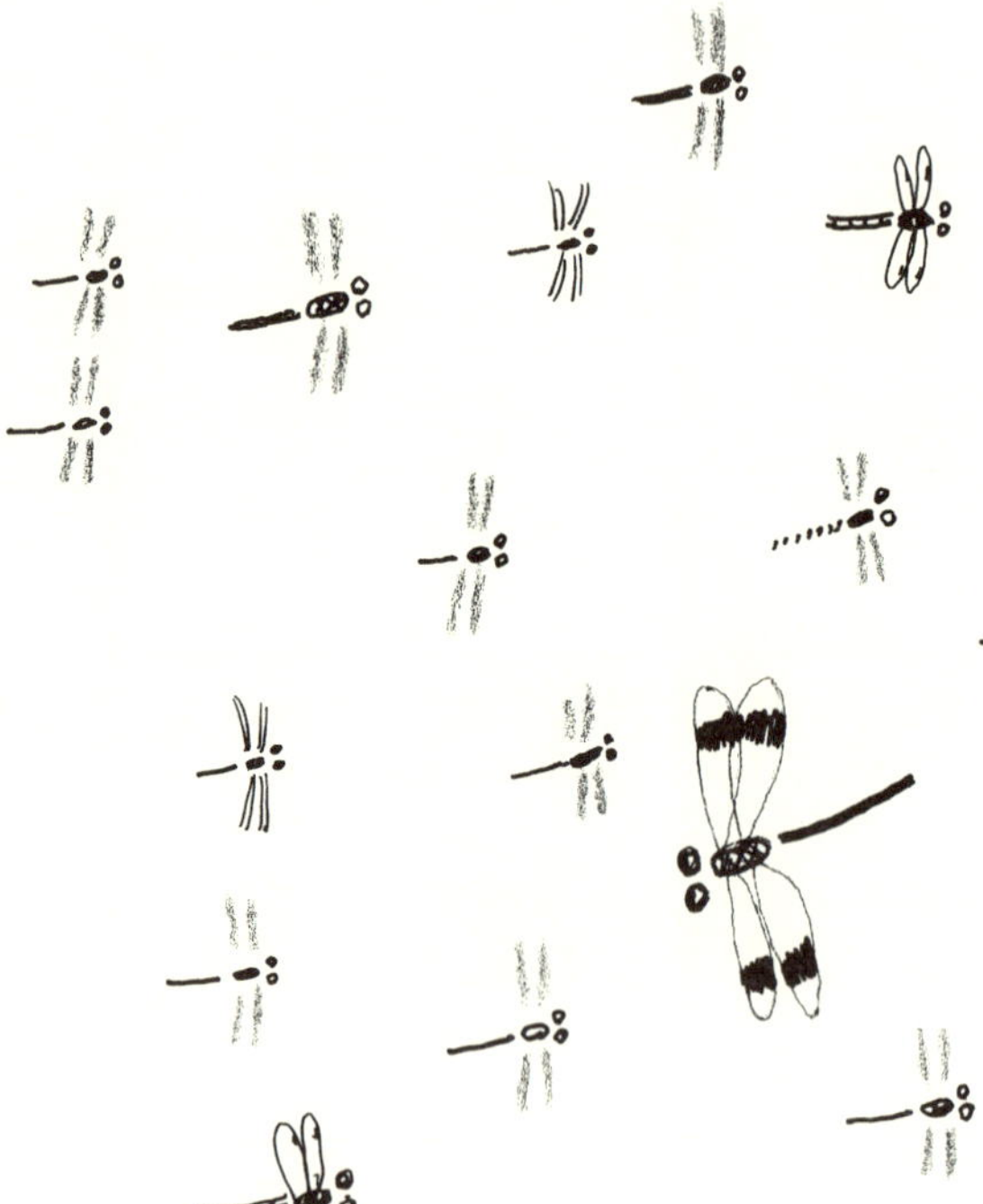